재료열물성

박 성 지음

KM 경문사

PREFACE

열역학이란 재료공학의 기초이면서, 많은 대학교에서 전공 필수로 공부하고 있는 과목으로, 열을 중심으로 한 에너지에 따른 물질 거동 변화를 연구하는 학문을 말한다. 즉, 물질의 조성, 재료 물성 변화를 에너지 관점에서 해석하는 분야이다. 재료에 대한 관심이 과거 철강재료 중심에서 현재 전자, 반도체, 배터리나 연료전지에 이르는 전자 및 에너지 관련 재료 분야로 확장되면서 재료공학과 학생들이 꼭 배워야 할 필수불가결한 학문이 되기에 이르렀다. 하지만 열역학을 처음 접한 학생들에게는 학문 내용이 너무 철학적이다 보니, 그 내용을 잘 이해한 후 추후 산업체에 직접 응용하기보다는 너무 계산에 치우쳐 어디에 어떤 수식을 사용해야 할지 혹은 새로운 현상을 과학적으로 이해하기 위해 어떤 적용 계산해야 할지 갈팡질팡하고, 졸업 후 수업시간에 배웠던 지식들을 산업체에 제대로 활용 못하고 그대로 전문가에게 의존하는 경우를 저자는 종종 보아왔다. 따라서 저자는 30년 가까운 교육 및 연구경력을 통해 얻은 열역학적 지식들을 활용하여 이 학문의 진정한 물리적 의미와 계산 방법을 패턴화하여 분류 이해시킴으로써 산업체에 가서도 쉽게 잘 응용하는데 도움을 주고자 이 교재를 저술하였다.

이 책에선 열역학의 주요 내용을 총 8장으로 구성하였으며, 각 장들은 그 장에서 배워야 할 '열역학 기본개념과 그 물리적 의미, 그 개념을 나타내는 관계 수식', 그 개념을 실제 산업체에 응용하기 위한 '계산 방법들의 패턴 분류' 및 그 패턴을 적용시킬 산업체 응용 문제를 다룬 '실전 연습문제' 등 3가지 부분으로 구성되어 있다. 또한 각 장의 내용을 간략하게 살펴보면 다음과 같다.

첫째, 개요는 열역학의 정의 및 이곳에서 사용되는 기본 용어들을 간략하고 명확하게 정의하였고,

둘째, 제1장부터 3장까지는 우리가 평소에 경험했던 사실들을 열역학 제1, 2, 3법칙으로 법칙화하여 이 법칙으로부터 얻은 엔탈피, 엔트로피, 자유 에너지라는 도구를 이용하여 화학반응에 대한 정보를 알아내는 과정을 배우게 되며,

셋째, 제4장의 경우 화학반응이 일어날 때 상변태가 생기면 계산방법에서 잠열을 보정해 주어야 하는데 클라우지우스-클리페이롱 방정식을 통해 두 개의 상이 평형일 때 잠열을 계산식으로부터 구하는 방법을 배우게 되고 더불어 평형상태에서의 물리적 현상을 이해해 볼 것이다. 또한 이밖에도 잠열을 대략적으로 얻어내는 트루톤과 리차드 규칙도 배우게 될 것이다.

PREFACE

넷째, 제5장은 평형상태에 놓여있는 화학반응이 어디로 진행될 것인지 알아내기 위해 평형상수라는 과학적 도구를 활동도라는 개념으로 표현하고 우리가 익히 알고 있는 르샤트리에 법칙을 이용하여 평형상태에 있는 화학반응의 정보도 알아볼 것이고,

마지막으로 제 6, 7장은 재료공학의 꽃인 용액의 열역학적 성질을 정의하고, 이곳에서 라울의 법칙과 헨리의 법칙 및 그 법칙들을 산업체 활용하는 사례들을 배우게 될 것이다.

많은 학생들은 열역학이 매우 어렵고 계산을 많이 하는 힘든 과목 정도로 생각하는 듯하여 본 교재는 우리 학생들이 이해하기 용이하고 특별한 기본 지식이 없어도 잘 적용하여 응용하는데 문제가 없도록 하는데 중점을 두었다

이 책의 범주를 넘어서는 내용이지만 비평형상태에서의 열역학에 대하여 저자도 많은 관심이 있어왔고, 평형상태에 대한 열역학 강의를 하면 할수록 이 학문의 세계가 너무 넓고 깊어 모르는 분야에 대한 내용도 많이 있어 본 교재는 내가 알고 있고, 실제 산업체에서 많이 응용되는 분야를 중심으로 저술되었다고 말하고 싶다.

이 책을 펴내기까지 과거에 저자에게 많은 지식을 가르쳐 주시고 이미 고인이 되신 KAIST의 임호빈 교수님 등을 포함한 모든 나의 은사님들께 감사드린다. 끝으로 항상 옆에서 용기와 희망을 주면서 늘 곁에서 함께 하며, 희로애락을 같이 해온 나의 사랑하는 아내와 세상 어느 것과도 바꿀 수 없는 재영, 재희에게 이 책을 바친다.

또한 이 책을 통해 더욱 훌륭한 전문가들이 되어야 할 나의 제자들과 미래의 제자들을 위해 이 책을 남긴다.

2021년 8월

박 성

CONTENTS

CONTENTS

CONTENTS

5장 퓨개시티, 활동도 그리고 평형 상수(Fugacity, Activity and Equilibrium Constant)

6장 용액 1(Solution 1)

CONTENTS

0 개요

Introduction

0.1 열역학(Thermodynamics)이란?

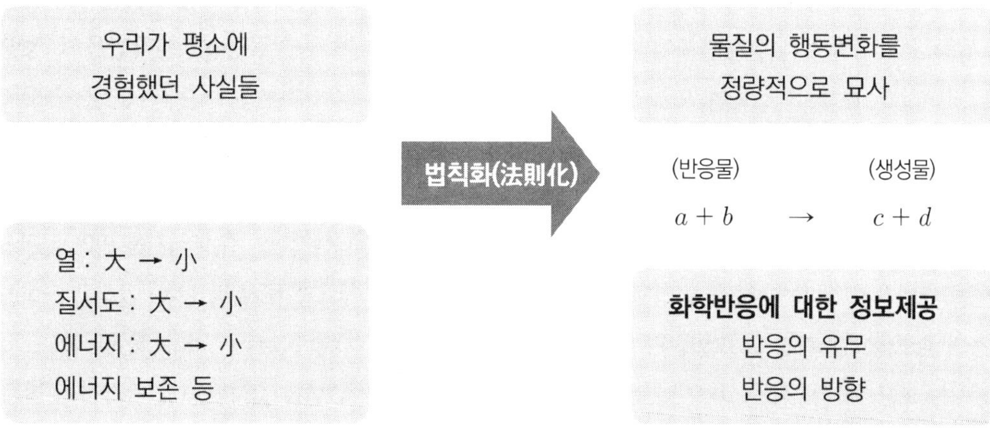

열역학(熱力學)이란? 영어로 Thermodynamics이라 하고 이 단어는 'Thermo'와 'Dynamics'의 합성어로, 본래 이 학문은 열(heat)과 일(work)을 다루는 물리 화학의 한 분야로 시작하여, 재료공학 분야에서도 매우 중요한 학문 분야이다. 인류의 문명은 불을 사용하면서 시작되었기 때문에, 열역학은 주로 열을 중심으로 한 에너지로 인해 생긴 물질의 거동변화를 연구하는 학문으로, 물질의 조성, 재료 물성 변화를 에너지 관점으로 해석하는 분야이다.(CHEMISTRY IN POINT OF VIEW OF PHYSICS)

즉, 이 학문은 우리가 평소에 경험했던 사실들을 열역학 제1,2,3법칙으로 법칙화하여 이 법칙으로부터 얻은 도구로 물질의 행동변화를 정량적으로 이해함으로써 이론적으로 화학반응에 대한 정보를 쉽게 제공해 준다. 여기서 우리가 평소에 경험했던 사실들이란 구체적으로 열과 온도의 경우 높은 곳에서 낮은 곳으로 질서도가 높은 곳에서 질서도가 낮은 곳으로 가며(물질의 부패), 높은 곳에 있는 물이 낮은 곳으로 흐른다는 사실과(위치에너지), 모든 에너지는 형태는 달라져도 그 양은 보존된다는 사실을 말한다. 또한 화학반응에 대한 정보를 얻는다 함은 이 열역학 법칙들을 통해 얻은 도구들 –엔탈피, 엔트로피, 자유 에너지를 가지고 책상 위에서 이론적으로 간단한 계산을 통해 화학반응의 방향에 대한 정보를 얻고 이 정보를 통해 실제로 화학반응이 일어날 것인지 아닌지를 이론적으로 예측 가능하게 해주는 것을 말하며, 우리는 학생들에게 이 능력을 배양하여 산업체에 응용하므로 실제로 화학반응을 시키지 않고도 계산을 통해 화학반응의 결과를 활용할 수 있게 해주는 것이 이 학문의 목표이다.

학생들에게 "실제 화학반응의 결과에 대해 열역학을 통해 이론적으로 구한 화학반응의 정보가 더 정확할까 아니면 본인이 실제로 관찰한 화학반응의 정보가 더 정확할까"라고 물어보면 종종 실제 자기 눈으로 관찰한 화학반응의 정보가 더 정확하다고 생각하는 학생들이 종종 있다. 그때마다 난 그 학생들에게 만약 너희들이 관찰하는 화학반응의 속도가 150년이 걸린다면 실제 그 학생의 생애에선 화학반응이 일어나는 것을 알지 못한 채 죽겠지만 이 화학반응이 정말 일어나지 않는 것인지 물어 보곤 한다. 재료학에서 이런 문제를 취급하는 분야가 반응 속도론(kinetics)이다. 이 이야기처럼 열역학을 가지고 이론적으로 계산하여 얻은 화학반응에 대한 정보는 유한한 시간을 사는 인간의 실제 경험보다 훨씬 더 정확하다.

그럼 열역학으로 화학반응을 취급하기 위해선 화학반응이 일어나는 장소, 즉 에너지를 받아 물질의 행동 변화가 일어나는 장소를 정의해야 하는데, 우린 그 장소를 계(SYSTEM)라 한다. 그리고 화학반응의 정보를 제공하는 도구(물질의 행동을 기술하는 도구)를 상태변수(state variable)라 하고, 이 변수는 보통 에너지 혹은 그와 관련된 개념을 사용하여 계의 상태변화를 결정해준다. 따라서 우리는 이 상태변수를 이용해 화학반응의 정보를 알아내게 될 것이다. 그러기 위한 중요한 조건은 반드시 화학반응에 참여하는 반응물이나 생성물이 같은 상태에 있어야 한다. 그러기 위해선 상태를 정의(혹은 기술)해 주는 변수인 독립변수들이 같은 값으로 고정되어 있어야 한다. 이것을 나중에 표준상태(standard state)라고 배우게 될 것이다.

0.2 기본 개념 및 정의(Basic Concepts and Definitions)

계(System)에 대해 정의해 보면 계(System)란?

물질의 행동 변화가 일어나는 장소, 화학반응이 일어나는 곳, 물질의 상태가 변하는 곳을 말하며, 이는 열역학에서 우리가 관심을 두는 장소를 말한다.

뿐만 아니라 우린 경계(boundary)에 의해 계(system)와 주위(surrounding) 영역으로 나뉘고 경계 안쪽의 한정된 공간을 계(system)라 하고 경계 밖의 지역을 주위(surrounding)라 한다. 이때 계(system)는 주위(surrounding)와 경계를 통해 여러 형태의 에너지들을 교환할 수 있으며

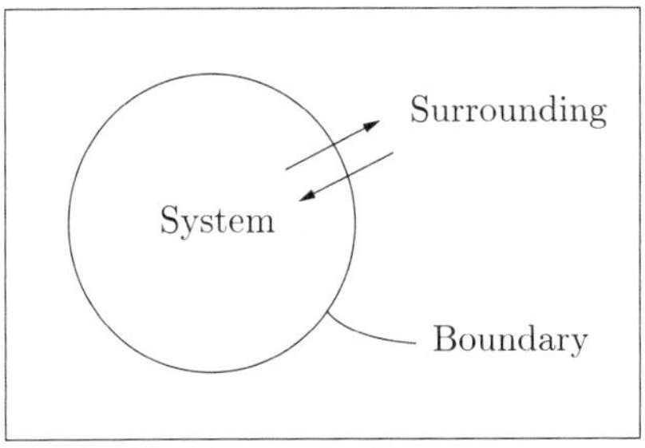

계(system)는 열(heat), 일(work), 질량(mass)을 경계(boundary)를 통해 주변(surrounding)과 교환 가능하다.

그림 0.1 경계(boundary)로 나누어 본 계(system)와 주위(surrounding) 영역

교환될 수 있는 에너지의 형태에 따라 계의 종류는 나누어지게 된다. 이때 교환될 수 있는 에너지 형태는 다양할 수 있으나 일반 화학반응의 경우를 기준으로 말하면 온도와 관련된 열에너지(heat), 압력과 부피와 관련되어 있는 기계적 에너지인 일(work)과 조성과 관련되어 있는 화학 포텐셜(chemical potential)인 질량 등이 경계(boundary)를 통해 교환할 수 있다.

계(System)의 종류

(1) 열린 계(Open System) : 주위와 열, 일, 질량 모두 교환 가능한 계.
(2) 닫힌 계(Closed System) : 주위와 열과 일만 교환 가능하나 질량은 교환하지 않는 계.
(3) 단열 계(Adiabatic System) : 일만 교환하는 계.
(4) 고립 계(Isolated System) : 주위와 열, 일, 질량 등 아무것도 교환하지 않는 계.

0.3 계(System)의 상태 : 화학반응의 정보를 구할 때 반드시 지켜야 할 조건 → 계의 상태가 일정한 상태에서 비교

계(system)가 일정한 상태에 있다 함은 '계(system)의 모든 성질이 일정한 값을 갖는다.'는 것을 의미한다. 계의 상태를 하나로 고정하려면 즉 계의 상태를 일정한 상태로 만들려면 계의 모든 성질을 알아야 할 것 같지만, 실제로 화학반응에 참여하는 재료들의 질량이 고정되어 있다면 계의 모든 성질 중 2개만 고정되면 기타 다른 성질들의 값이 고정되게 된다.

독립변수(Independent State Variable)

독립변수(independent state variable)란 시스템의 상태를 유일하게 결정해주는 변수를 말하며, 또한 계가 변할 때는 독립변수로 계를 구별할 수 있다. 따라서 독립변수를 변화시키면 화학반응이 생기지 않았던 것도 반응이 일어나게 만들 수 있다.

화학반응이 일어나게 만드는 변수는 다음과 같다.

$$P,\ V,\ T,\ mass\ (n_1, n_2, \ldots, n_i) = C + 3$$

여기서 P, V, T는 각각 압력, 부피, 온도이고 mass(n_1, n_2, $\cdots$, n_i)는 화학반응에 참여하는 성분들이 갖는 질량을 말하며, 따라서 우항의 C는 화학반응에 참여하는 성분(component)의 수를 의미한다. 위의 식에 나타난 변수들을 상평형이나 다른 재료학에서 **'자유도' 또는** 'degree of freedom'이라 하고 **이는 화학 반응이 일어나게 하거나 상태를 변화시키는 과학적 변수를 말한다.** 열에너지의 과학적 도구는 온도이고 기계적 에너지인 일의 과학적 도구는 압력과 부피이며, 화학 포텐셜(chemical potential)의 과학적 도구는 조성(질량)이다. 따라서 화학반응이 일어나면 여러 형태로 에너지의 변형이 동반되는데 열에너지의 변화는 온도로, 기계적 에너지의 변화는 압력과 부피로, 화학 포텐셜의 변화는 조성의 변화로 알아볼 수 있다. 특히 이 과학적 도구들은 화학 반응 시 모두 알고 있어야 할 것 같지만 조성을 제외하곤 다른 독립변수들은 이상기체의 상태 방정식으로 서로 연결이 되어 있다.

$$PV = nRT$$

따라서 P, V, T 중 2개를 알면 나머지 하나는 자동으로 결정되기 때문에 결국 자유도 변수들 중 $C+2$개의 변수만 알면 된다. 더 정확하게 얘기하면 앞의 P, V, T 중 값을 알고 있는 2개의 변수를 독립변수라 하고 모르는 나머지 하나의 변수를 종속변수(dependent variable)라 한다.
이 독립변수로 계의 상태를 고정하고 이 상태에서 화학반응의 정보를 구해야 한다. 우린 이것을 표준상태(standard state)라고 배우게 될 것이다.

즉 화학반응이 아래와 같이 주어져 있고 화학반응식의 독립변수가 온도와 압력이라 가정하자.

$$aA + bB = cC$$

이때 반응물의 독립변수가 25℃, 1기압이고 생성물의 독립변수가 500℃, 1기압으로 되어 있다면 이 경우 화학반응의 정보를 우린 절대 구할 수 없다. 따라서 화학반응에 참여하는 반응물과 생성물의 독립변수가 모두 같은 조건, 즉 예를 들어 반응물과 생성물의 독립변수가 25℃, 1기압으로 모두 같다면 이 화학반응은 표준상태에 있다고 말하고 이때 우린 화학반응에 대한 정보를 알아낼 수 있다는 사실을 명심해야 한다.

0.4 상태변수의 특징(Feature of State Variable)

우리가 경험한 사실을 법칙화하여 이 법칙으로부터 얻은 에너지와 에너지 관련 도구를 이용하면 화학반응의 정보를 얻는 게 가능해진다고 하였다. 따라서 상태변수로 계의 상태변화, 즉 화학반응의 정보를 알아내야 한다. 상태변수는 에너지 혹은 에너지 관련 도구라 하였으므로 아래와 같은 독특한 특성 2가지를 가지고 있다.

첫째로 초기 상태와 최종 상태를 알면 상태를 기술하는 것이 가능하다는 것이다. 상태변수는 에너지 혹은 에너지 관련 도구라 하였으므로 에너지 보존법칙의 특성이 나타나게 되어 경로와 무관하게 그 값은 변하지 않음을 알 수 있다. 이런 사실을 토대로 헤스의 법칙이 만들어지게 된다. 간단하게 이야기하면 에너지 보존법칙의 특성으로 인해 새로운 화학반응 정보를 알고 싶을 때 이전에 구해놓은 관련된 데이터 값을 이용하여 알고자 하는 상태변수값을 알아낼 수 있다. 따라서 과거에 알고 있던 A에서 B로, B에서 C로 가는 화학반응 정보를 통해 새로 알고자 하는 A에서 C로 가는 화학반응의 정보를 알아낼 수 있는 것이다. 이 상태변수에는 엔탈피(enthalpy), 엔트로피(entropy), 내부 에너지(internal energy), 자유 에너지(free energy) 등이 있다.

두 번째 특징은 상태변수는 수학적으로 완전 미분이 가능하다는 것이다.

$$dU = f(P.\ V)$$

$$dU = \left(\frac{\partial U}{\partial P}\right)_V dP + \left(\frac{\partial U}{\partial V}\right)_P dV$$

0.5 성질(Properties)

지금까지 배운 상태함수와 상태함수를 설명하는 과학적 도구인 자유도와 같은 독립변수들이 물성(성질)과 관련 있어 이들로 인해 물성(성질)을 구별할 수 있게 한다. 따라서 물성은 질량(mass)이나 몰비(조성)에 비례하는지 유무에 따라 세기 성질(intensive property)과 크기 성질(extensive property) 두 가지로 나눌 수 있다.

세기 성질(intensive property)**이란 성질이 상의 양과 비례 관계가 성립하지 않는 물리량을 말한다. 여기에는 온도, 압력, 밀도, 조성 등이 있다.** 예를 들어 분필 하나가 100℃의 온도 상태에 있다고 가정하자. 이때 분필의 끝 일부분을 잘라내어 온도를 측정하여도 그 분필의 온도는 여전히 100℃를 유지하는 것을 알 수 있다. 이와 마찬가지로 분필의 밀도 역시 부분적으로 잘라내어도 원래의 밀도 값과 달라지지 않는다. 이러한 성질을 우리는 세기 성질(intensive property)이라 부른다.

반면에 **크기 성질(extensive property)이란 성질이 상의 양과 비례 관계가 성립하는 물리량을 말한다. 여기에는 부피, 내부 에너지, 엔탈피 등이 있다.** 예를 들어 22.4L의 부피를 가지는 기체가 있다면 어느 일부분을 잘라내어 부피를 측정하면 22.4L보다 작아질 것이다. 이렇게 성질이 양과 비례 관계되어 나타나는 물리량을 크기 성질(extensive property)이라 한다.

다시 정리하면

세기 성질(intensive property)$\neq f$(phase amount) : 온도, 압력, 밀도, 조성 등
크기 성질(extensive property)$=f$(phase amount) : 부피, 내부 에너지, 엔탈피 등

※ 그럼 열역학을 이용하여 화학반응의 정보를 알아내려면

① 조건: 계의 상태를 자유도(c+3)라는 과학적 도구로 상태를 일정하게 유지한 후(반응물과 생성물 모두 상태가 같은 표준상태로 만들고)
② 상태변수로 직접적으로 계산을 통해 화학반응이 일어날지 아닐지에 대한 화학반응의 정보를 알아내면 된다.

0장 연습문제

1. 열역학이란?

2. 계(system)의 정의를 쓰고 그 종류를 기술하라.

3. 화학반응의 정보를 얻을 때 반드시 계가 일정한 상태에 있어야 한다. 그 방법은 무엇인가?

4. 독립변수를 정의하고 그 개수를 말하라.

5. 자유도(degree of freedom)를 정의하고 그 개수를 말하라.

6. 세기 성질과 크기 성질의 차이점과 그 예를 써라.

7. 상태변수란 무엇인가? 그 특징을 2가지 기술하라.

1 열역학 제1법칙

The First Law of Thermodynamics

우리가 경험한 것을 첫 번째로 법칙화한 것이 **열역학 제1법칙이고 이를 에너지 보존법칙**이라 한다. 열역학 제1법칙에는 에너지 개념과 보존의 개념을 동시에 포함한다. 법칙의 정의는 다음과 같다.

> **"질량이 일정한 계에서 비록 에너지의 형태가 이것에서 다른 것으로 변할지라도 새로 생성되거나 파괴되지 않는다."**

이 개념을 설명하기 위해 마찰이 없는 실린더 타입의 증기기관이 그림 1.1에 주어져 있고 이 증기기관은 산업혁명 당시 사용된 대표적인 증기기관을 모델로 나타낸 것이다. 단 열역학 제1법칙을 설명하기 위해 마찰이 없는 실린더 타입의 증기기관으로 가정하였다. 이 증기기관은 외부로부터 석탄을 때서 열에너지를 발생시키면 그 열을 받아 기계적 에너지로 전환하는 즉 열에너지를 일로 바꾸는 기관을 말한다.

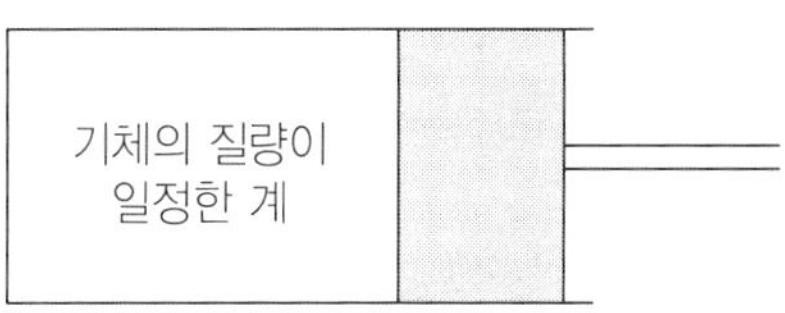

그림 1.1. 마찰이 없는 실린더 타입의 증기기관

이미 여러분들은 일반화학 시간에 배웠듯이 제임스 프레스콧 줄(James Prescott Joule, 1818 - 1889)은 **에너지 보존법칙**의 발견자 중 한 명으로, 열과 일과의 관계를 깊이 연구하였고, 1843년 무렵에는 열의 일당량 측정하는 실험을 여러 가지 방법으로 면밀하게 실행하여, **에너지 보존법칙의 확립**에 큰 기여를 하였다는 사실을 배웠을 것이다.

열역학 제1법칙의 원리를 수학적으로 표현해 보기

이 개념을 설명하기 위해 마찰이 없는 실린더 타입의 증기기관을 생각해 보고, 실린더 안 기체의 질량은 일정하다고 하자. 그리고 이때 이 기체 시스템 내부 에너지를 U라고 하고 외부로부터 열 또는 다른 형태로 에너지 q를 시스템에 가하게 되면 이 시스템은 외부로부터 에너지를 흡수하여 외부로 W만큼의 일을 한다고 가정하자. 초기 내부 에너지는 U_1이라 하고, 나중 내부 에너지를 U_2라 하면 외부로부터 열 q을 받아 바깥으로 일 W를 했기 때문에 이 시스템이 에너지 보존된다면 이 차이만큼 내부 에너지가 변하게 된다. 이것을 수학적으로 표현해 보면

$$\Delta U = q - W \qquad \cdots (1.1)$$

ΔU는 계의 내부 에너지 변화량이고 여기서 Δ는 나중 내부 에너지 U_2에서 초기 내부 에너지 U_1을 뺀 값을 말한다. 위의 식을 **열역학 제1법칙의 수학적 표현**이라 하며 계가 외부로부터 열에너지 q를 흡수하여 바깥쪽으로 W만큼 기계적으로 일을 했을 때 열에너지가 기계적 에너지로 변할 때 100%로 변하지 않고 그 차액만큼 계의 내부 에너지의 변화가 생겼다고 정리한 수학적 표현이어서 에너지 보존법칙을 수학적으로 아주 잘 표현했다는 사실을 알 수 있다.

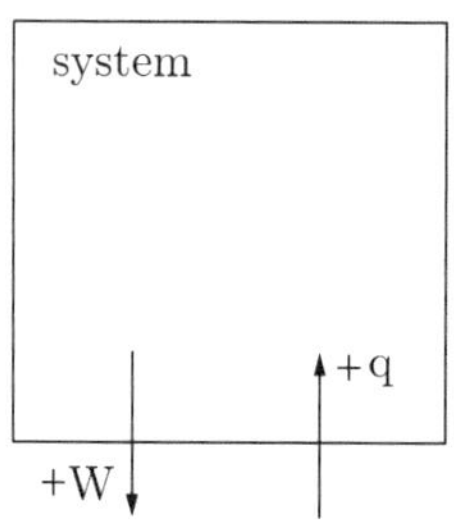

그림 1.2. 계에서 나타나는 일과 열의 출입 부호 정하기

그럼 실린더 타입의 증기기관에 관여한 여러 종류의 에너지 항(term) 부호는 어떻게 결정하였을까? 앞에서 외부로부터 계에 가해진 열의 부호를 +로 했고, 계 바깥으로 해준 일의 부호를 +로 하였으며 그 두 양의 차이가 내부 에너지의 변화량으로 나타내었다.

여기서 주의해야 할 사항이 계에 관여한 여러 종류의 에너지 항의 부호를 관습적으로 결정했다는 사실이다. 이것은 에너지 항의 부호를 임의적으로 결정했다는 의미가 아니라 우리의 경험과 일치하게 정하였다는 이야기이다.

열에너지의 경우는 계로 들어가면 +, 나오면 −로 정하였고, 일의 경우, 계가 외부로 일을 해주면 +가 되고 계가 외부로부터 일을 받으면 −가 된다. 증기기관을 생각해 보면 너무나도 당연한 얘기이다.

이 개념을 다시 정리해보면

계(system)로부터 나온 열 : − (negative)

계(system)로 들어간 열 : + (positive)

계(system)에 가한 일 : − (negative)

계(system)가 행한 일 : + (positive)

뿐만 아니라 내부 에너지도 에너지이므로 이 항목도 상태 함수이다. 그러므로 내부 에너지의 변화는 변화를 야기한 경로와는 무관하여 계의 처음과 마지막 상태에만 의존한다. 그리고 또한 수학적으로 완전 미분이 가능한 특성을 가진다.

1.1 열함량 또는 엔탈피(Heat Content or Enthalpy)

실린더 타입의 증기기관 엔진에서 행해지는 일 W는 일반물리 시간에서 배웠듯이 $F \times l$(힘×거리)이다. 이때 압력 P는 힘 F를 면적 A으로 나눈 값이고, 이제 힘에 의해 실린더의 피스톤이 움직인 거리를 Δl이라고 하면 부피 변화는 $A \times \Delta l = \Delta V$가 된다. 따라서 실린더의 압력과 압력에 의한 부피 변화를 곱해주면 실린더가 한 일 $P\Delta V$가 된다. 따라서 실린더 타입의 증기기관 엔진에서 열역학 제1법칙의 식 (1.1)은 아래와 같이 쓸 수 있다.

$$\Delta U = q - W = q - P\Delta V$$

실린더가 한 일을 기준으로 2가지 경우가 생길 수 있는데, 부피가 일정할 때와 압력이 일정할 때로 나누어 생각해 보면

① 계의 부피 V가 일정하게 유지된다면($dV = 0$이므로), 계는 일을 하지 않게 된다. 따라서

$$\Delta U = q \qquad \cdots (1.2)$$

라 쓸 수 있고, 만약 상태의 미세한 변화로 표현하면 식 (1.2)는 아래 식과 같다.

$$dU = \delta q \qquad \cdots (1.3)$$

즉 이 경우 계에 주어진 열에너지 변화가 직접적으로 계의 내부 에너지의 변화로 볼 수 있다. 이때 d는 상태함수의 미분을 의미하고 δ은 상태함수가 아닌 양의 미분을 의미한다.

② 만약 계의 압력 P가 일정하게 유지된다면 식 (1.1)은 다음과 같이 쓸 수 있다. 이 경우 우리 지구상 조건을 말한다. 즉 대기압이 1기압으로 일정하다는 조건으로 생각하면 된다.

$$\Delta U = q - P\Delta V \qquad \cdots (1.4)$$

ΔV는 계의 부피 변화이다. 부피 변화가 있다면 그 계는 외부로 일을 하게 되는데 만약

위의 기체 시스템의 초기 상태를 A, 최종 상태를 B라 하면 식 (1.4)는 다음처럼 쓸 수 있다. 항상 변화율 Δ는 최종 상태 값에서 초기 상태의 값을 빼거나 화학반응이라면 생성물의 값에서 반응물의 값을 뺀 변화를 말한다. 따라서

$$U_B - U_A = q - P(V_B - V_A)$$

$$\therefore q = (U_B + PV_B) - (U_A + PV_A) \qquad \cdots (1.5)$$

이다. 여기서 $(U+PV)$를 **열 함량 또는 엔탈피**, H라 부른다. 따라서

$$(U_B + PV_B) = H_B$$

그리고 $$(U_A + PV_A) = H_A$$

이므로 식 (1.5)로부터 우리는 다음 식을 얻을 수 있다.

$$q = H_B - H_A$$

$$q = \Delta H \qquad \cdots (1.6)$$

이 개념을 화학반응으로 확장시켜 응용해보면 화학반응이 일어날 때도 에너지 보존법칙이 적용되므로 화학반응의 정보를 구할 때 화학 반응 시 알기 어려운 내부 에너지와 측정하기 어려운 기계적 일 에너지 대신에 그 값과 같은 계의 열출입 변화로 화학반응의 정보를 표시할 수 있음을 알 수 있다. 이와 같이 에너지 보존법칙으로 인해 화학반응의 정보를 내부 에너지와 일과 같은 값 대신에 측정하기 용이한 엔탈피라는 열에너지의 출입으로 이해할 수 있게 해주었다.

미소 상태 변화에 대해서 식 (1.6)은 다음과 같다.

$$\delta q = dH \qquad \cdots (1.7)$$

식 (1.4)와 (1.6)으로부터 압력이 일정할 때

$$\Delta U = \Delta H - P\Delta V \qquad \cdots (1.8)$$

압력이 일정하다는 것은 대기압을 의미한다. 우리가 화학 반응을 일으키는 장소는 지표면 위에서 행하게되고 지표면이라면 압력은 1기압으로 일정하다고 볼 수 있다.

다시 한번 정리해서 말하자면

계의 내부 에너지를 측정하는 것은 매우 어려운 일이다. 그렇기 때문에 측정하기 쉬운 열에너지의 출입을 통해 시스템을 이해해 보려는 시도를 하는 것이다. 이것이 가능한 이유는 에너지의 값은 보존

이 되기 때문에 한 형태에서 다른 형태의 에너지로 변하더라도 열에너지의 변화를 측정함으로써 계의 에너지 변화를 알 수 있게 된다. 따라서 화학 반응에서 일어날 수 있는 내부 에너지의 변화, 기계적 일의 변화를 모두 열에너지 변화 값으로 이해해 보고자 한 것이다.

엔탈피는 계가 가지고 있는 물질의 양에 의존하는 크기 성질(extensive property)이다. 그렇기 때문에 앞의 에너지 보존법칙의 가정에서 질량이 일정한 계라는 조건이 붙는 것이다. 질량이 다르면 에너지의 총량 역시 변하게 되어 값이 달라진다. 이러한 이유로 인해 우리가 실험을 할 때 계량(weighing)을 반드시 정확하게 해야 한다. 질량이 일정하게 고정이 된다면 화학반응에서 일어나는 에너지의 변화는 열역학 제1법칙에 의해 엔탈피의 변화를 통해 화학반응의 정보를 알아낼 수 있다.

그럼 구체적으로 각 반응의 엔탈피 변화값(ΔH)에 따른 화학반응의 종류와 그와 관련된 화학반응의 정보를 알아보자.

그럼 화학반응이 $aA + bB = cC + dD$로 일반화해서 주어져 있을 때

첫째 화학 반응의 엔탈피 변화 $\Delta H(product - reactant) < 0$**라면 이 반응을 발열반응이라 하고** 이 경우 물이 높은 곳에서 낮은 곳으로 흐르듯 반응물들이 갖는 열에너지의 합이 생성물들이 갖는 열에너지의 합보다 더 크기 때문에 이 화학반응은 자연스럽게 정반응으로 일어나게 된다.

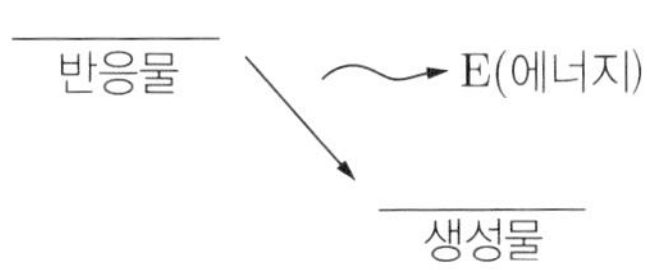

그림 1.3. 발열반응

두 번째 화학 반응의 엔탈피 변화 $\Delta H(product - reactant) > 0$**라면 이 반응을 흡열반응이라 하고** 반응물들이 갖는 열에너지 합이 생성물들이 갖는 열에너지 합보다 낮아 반응이 진행되기 위해선 외부로부터 에너지를 흡수해야 하나 오히려 생성물로 있으면 반응물로 화학반응이 일어나 역반응이 일어나기가 용이한 상태를 말한다. 이 경우는 정반응은 절대 일어나지 않는다는 것을 의미한다.

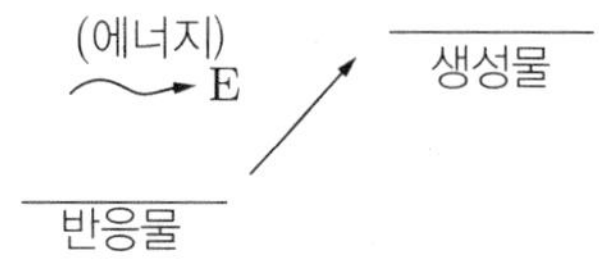

그림 1.4. 흡열반응

만약 화학반응이 발열반응이라면 엔탈피 변화(ΔH)값이 음수이고 화학반응이 흡열반응이라면 엔탈피 변화(ΔH)값이 양수 값을 갖는다. 또한 내부 에너지와 마찬가지로 엔탈피 변화(ΔH)값은 열에너지 변화이므로 상태 함수이다.

1.2 열용량(Heat Capacity)

앞에서 배운 엔탈피 값 변화에 대한 정보는 계 전체에 대한 열 출입에 관한 것이므로 계 전체에 대한 엔탈피 값 변화가 화학반응에 참여하는 각 재료 자체에 미치는 영향을 알 필요가 생긴다. 즉, 같은 열을 재료에 가해도 물질마다 열전달이 달라 돌과 쇠의 온도 1도를 올리는데 필요한 열에너지는 재료마다 다르듯이 반드시 계 전체에 대한 엔탈피 값 변화를 화학반응에 참여하는 재료 각각에 미치는 열에너지 정보로 바꾸어서 이해해야 할 필요성이 있다.

계의 **열용량** C는 다음과 같이 정의된다.

$$C = \frac{q}{\Delta T}$$

여기서 열 q는 온도 변화 ΔT를 야기한 계가 주거나 받은 열량을 말하고 결국 온도 1도를 올리는데 필요한 열을 우린 **열용량**(heat capacity)이라 하고 물의 경우 이 개념을 비열이라고 한다.

만약 온도의 변화가 매우 적다면 계의 열용량 C는

$$C = \frac{\delta q}{dT} \qquad \cdots (1.9)$$

라 쓸 수 있고 화학반응의 조건에 따라 q값이 다르게 표현할 수 있으므로 계의 부피가 일정할 때와 압력이 일정할 때로 나누어 생각해보면

① 부피가 일정할 때 식 (1.9)는 C_V로 표시하고

$$C_V = \left(\frac{\delta q}{dT}\right)_V \quad \cdots (1.10)$$

라 쓸 수 있고 앞에서 얻은 식 (1.3)을 (1.10)에 넣어 다음 식을 얻을 수 있다.

$$C_V = \left(\frac{\delta q}{dT}\right)_V = \left(\frac{dU}{dT}\right)_V \quad \cdots (1.11)$$

왜냐하면 부피가 일정할 때 δq는 dU와 같다고 했기 때문에 위와 같이 표현할 수 있다.

② 압력이 일정할 때 식 (1.9)는 C_P로 표시하고

$$C_P = \left(\frac{\delta q}{dT}\right)_P \quad \cdots (1.12)$$

라 쓸 수 있고 이때 C_P는 압력이 일정할 때 열용량을 나타내며, 앞에서 구한 식 (1.7)을 (1.12)에 넣어 다음 식을 얻는다.

$$C_P = \left(\frac{\delta q}{dT}\right)_P = \left(\frac{dH}{dT}\right)_P \quad \cdots (1.13)$$

따라서 압력이 일정할 때 δq는 dH와 같다고 했기 때문에 위와 같이 표현할 수 있다.

우리는 위의 식을 **키르히호프의 방정식**(Kirchhoff's equation)이라 부른다. 뒤에 키르히호프의 방정식은 알고자 하는 온도 혹은 내가 하고 싶은 열처리 온도에서 일어나는 화학 반응의 정보를 알아내는데 유용하게 사용될 것이다.

이 시점에서 열용량 값도 크기 성질의 값(엔탈피, 열용량 등)을 나타내므로 우리는 계 전체와 1몰당 크기 성질을 반드시 구별해야 한다. n몰로 이루어진 전체 시스템을 뜻할 때는 Z', 1몰을 뜻할 때는 Z로 쓰게 된다. 따라서

$$Z' = nZ$$

라 쓸 수 있고 앞에서 구한 C_V와 C_P값도 이런 방식으로 표현할 수 있습니다.

C_V의 경우 식 (1.11)은 부피가 일정할 때 계 전체와 1몰당 열용량 값은 아래처럼 다시 쓰일 수 있다.

$$C'_V = \left(\frac{dU'}{dT}\right)_V$$

또는

$$C_V = \left(\frac{dU}{dT}\right)_V \qquad \cdots(1.14)$$

그리고 C_P의 경우 식 (1.13)은 압력이 일정할 때 계 전체와 1몰당 열용량 값은 아래처럼 다시 쓰일 수 있다.

$$C'_P = \left(\frac{dH'}{dT}\right)_P$$

또는

$$C_P = \left(\frac{dH}{dT}\right)_P \qquad \cdots(1.15)$$

부언해서 말하자면 열용량이라는 도구 역시 계의 물질의 양에 의존하는 크기 성질이다.

과 제 어떤 경우에도 $C_P > C_V$임을 과학적으로 증명하라.

1.3 열화학과 그 개념의 활용 (Thermochemistry and its Application)

일반적으로 어떤 물질이 다른 물질에 녹아 들어가 용액(solution)을 형성하거나 용융, 액화, 기화 등과 같은 한 물질의 상태 변화를 물리화학적 과정(physico-chemical process)이라 한다. 그럼 열화학(thermochemistry)이란 화학반응이나 용액의 형성 또는 한 물질의 상태변화인 용융, 액화, 기화 그리고 다른 물리화학적 과정에서 수반되는 열 출입을 연구하는 학문을 말한다. 이 장에선 화학반응 시 수반되는 열 출입에 대해 고찰하고 화학반응의 종류와 화학반응에 수반되는 열 출입을 따질 때 꼭 고려해야 할 필수조건들에 대해 알아보자.

화학반응에 대한 종류와 그에 수반되는 열의 정의

1. 반응열(Heat of Reaction)

반응열이란 반응물들이 완전히 반응하여 생성물을 만들 때 흡수 혹은 방출하는 열을 말한다. 이 반응열을 표현하는 방법은 생성물 1몰당 열 혹은 반응물 1몰당 열과 같이 2가지 방법으로 표현될 수 있고 대부분의 화학반응에서 일어나는 열 출입을 반응열로 해석할 수 있다

2. 형성열(Heat of Formation)

형성열은 구성 원소들로부터 1몰의 화합물이 형성될 때 흡수 혹은 방출되는 열을 말한다. 즉 구성원소(반응물)들은 1몰이 아니어도 화합물 1몰이 형성되기만 하면 되므로 반응물의 몰 수와는 상관없다. 이 값은 온도, 압력, 생성물과 반응물의 화학적 상태에 의존한다. 이러한 이유들로 인해 이 열은 일반적으로 표준 형성열(standard heat of formation)의 형태로 표현된다.

3. 연소열(Heat of Combustion)

연소열은 어떤 물질 1몰이 산소 중에서 완전히 연소될 때 흡수 혹은 방출되는 열을 말한다.

4. 용해열(Heat of Solution)

한 물질이 다른 물질 속에 완전히 녹을 때 열이 흡수되거나 방출이 발생할 것이다. 이것을 용해열이라 부르고 이 값은 용액의 농도에 의존한다.

화학반응에 수반되는 열을 계산할 때 반드시 지켜야 할 필수조건 : 표준상태

화학변화가 일어나 이 반응에 수반되는 열을 계산할 때에는 반드시 계의 상태를 고정시켜야 한다. 이것은 같은 상태에서 화학 변화가 일어날 때에만 유의미한 열 정보를 얻을 수 있기 때문이다. 따라서 자유도(degree of freedom)에 의해 C+2의 독립변수를 알면 상태를 고정할 수 있다. C는 조성으로 우리가 예측 가능한 화학반응식을 정확하게 세웠다면 언제나 고정된 값이다. 나머지 변수는 온도, 압력, 부피가 있는데 이상기체의 상태 방정식에 의해 3개의 독립변수 중 2개를 알면 나머지 하나를 고정시킬 수 있다. 이와 같이 계를 2가지 독립변수로 고정한 상태를 우리는 **표준상태(standard state)**라 한다. 알고자 하는 화학반응의 정보는 대부분 지표면 1기압(일전한 압력)하에서 이루어지므로 부피를 고정시키는 것보다 독립변수중 온도, 압력을 고정시키는 것이 우리는 훨씬 편리하기 때문에 표준상태란 온도와 압력이 일정할 때 그 물질의 안정된 상태를 의미한다.

원소의 표준상태는 온도와 압력의 선택된 표준 조건하에서 가장 안정한 상태를 말한다. 특정 온도에서 고체, 액체, 기체의 가장 일반적으로 사용되는 표준상태는 다음과 같다.

고체 : 압력이 1기압일 때 가장 안정한 형태를 유지

액체 : 압력이 1기압일 때 가장 안정한 형태를 유지

기체 : 압력이 1기압일 때

그럼 이번엔 화학반응시 열 출입의 양인 엔탈피 값을 계산시 알아야 할 여러 기본 약속들을 알아보자. 첫째 25℃ 1기압 표준상태에서의 엔탈피 변화 값을 표현할 때에는 ΔH^0_{298}라 하고 위첨자 0은 표준상태를, 아래첨자 298은 온도 25℃를 절대온도로 표시한 것이다. 그리고 Δ는 변화량으로 화학반응식에 참여하는 생성물이 갖는 열의 합에서 반응물이 갖는 열의 합의 차를 의미한다. 둘째 화학반응에 참여하는 반응물과 생성물의 상태를 고체는 < >, 액체는 { }, 기체는 ( )를 사용하여 나타낸다. 세 번째 엔탈피 변화 값을 계산하기 위해선 기준값(reference state)이 필요하기 때문에 25℃ 1기압하에서 원소들(elements)의 엔탈피 값을 0으로 한다. 이것은 25℃ 1기압하 원소들은 대부분 반응을 하지 않기 때문에 원소의 엔탈피 값을 0으로 약속한 것이다. 그러나 실제 25℃ 1기압하 원소의 엔탈피 절대 값은 0의 값을 갖지 않는다. 왜냐하면 25℃ 온도하의 모든 원소들은 25도에 해당하는 열에너지를 가지고 있고 그것에 의해 고체 내 원자들이 열 진동을 하고 있기 때문이다. 그러나 중요한 것은 화학반응의 정보를 얻기 위해서는 상대적 열에너지 차이 값만 알면 되므로 세 번째 약속을 통해 변화량 차이 값을 구하고 결국 화학반응에 참가하는 반응물과 생성물의 엔탈피 변화량 차이 값이 0보다 크느냐(흡열반응) 작으냐(발열반응)를 기준으로 화학반응이 일어나느냐 안 일어나느냐를 정하게 된다.

화합물의 형성열 데이터값은 보통 25℃(298K) 1기압하의 값으로 열역학 표로 만들어진다. 이때 25℃(298K)에서 M이라는 물질의 표준 형성열은 $H^0_{298,\,M}$이라 쓴다.

예를 들어 25℃(298K) 1기압하에서 NiO를 형성하는 표준 형성열을 구하라고 한다면 우선 구성원소가 Ni과 O이므로 1몰의 NiO가 형성되는 화학반응식을 써보면

$$<Ni> + \frac{1}{2}(O_2) \rightarrow <NiO> \qquad \cdots (1.16)$$

라 쓸 수 있고 반응 (1.16)의 표준 반응열 변화 값은

$$\Delta H^0_{298,(1.16)} = H^0_{298,\,<NiO>} - H^0_{298,\,<Ni>} - \frac{1}{2}H^0_{298,\,(O_2)}$$

이고 25℃(298K) 1기압하에서 원소의 엔탈피 값이 0이므로 결국

$$\Delta H^0_{298,(1.16)} = H^0_{298,<NIO>}$$

반응 (1.16)의 반응 엔탈피 변화 값은 NiO 1몰의 형성열과 같게 된다.

문제 1.A

25℃(298K), 1기압하에서 아래와 같은 화학반응을 생각해 보자. 이때 생성된 CO 1몰과 Al 1몰, 반응된 C 1몰과 Al_2O_3 1몰 그리고 생성된 Al 1g당 표준 반응열을 계산하라.

$$<Al_2O_3> + 3<C> = 3(CO) + 2<Al> \qquad \cdots (1.A.1)$$

$$\Delta H^0_{298,(CO)} = -2250\,cal/mole$$

$$\Delta H^0_{298,<Al_2O_3>} = -7400\,cal/molc$$

Al의 원자량 $= 27$

풀이 25℃(298K), 1기압하에서 반응 (1.A.1)의 표준 반응열은 다음과 같이 구할 수 있다.

$$\Delta H^0_{298,(1.A.1)} = \sum H^0_{298,product} - \sum H^0_{298,reactant}$$
$$= 3H^0_{298,(CO)} + 2H^0_{298,<Al>} - H^0_{298,<Al_2O_3>} - 3H^0_{298,<C>}$$

25℃(298K), 1기압하에서 원소의 엔탈피 값은 0이므로, 화합물의 표준 엔탈피는 그 화합물의 표준 형성열과 같다. 따라서 수식은 다음과 같이 표현된다.

$$\Delta H^0_{298,(1.A.1)} = 3\Delta H^0_{298,(CO)} - \Delta H^0_{298,<Al_2O_3>}$$
$$= 3\times(-2250) - (-7400) = 650\,cal$$

CO는 반응을 통해 3몰이 형성되었으므로 생성된 CO 1몰당 표준 반응열은 650/3=216.66cal이다. 같은 방법으로 나머지 표준 반응열을 계산해보면 2몰의 Al이 형성되었으므로 Al 1몰당 표준 반응열은 650/2=325cal이고 3몰의 C가 반응했으므로 반응된 C 1몰당 표준 반응열은 650/3=216.66cal이며 1몰의 Al_2O_3가 반응했으므로 반응된 Al_2O_3 1몰당 표준 반응열은 650cal이다. 또 형성된 Al 1g당 표준 반응열은 Al 1몰당 표준 반응열을 Al의 원자량으로 나누어 구하면 325/27=12.04cal가 된다. ■

1.4 헤스의 법칙(Hess's Law)

열역학 제1법칙인 에너지 보존법칙의 완성판인 헤스의 법칙에 대해 알아보자. 초기 과학자들은 25℃, 1기압하에서 여러 재료들(물질)의 엔탈피의 값을 구해 열역학 테이블을 만들어 놓았는데 이 테이블에 없는 화학반응이나 새롭게 알고 싶은 화학반응들이 종종 생겨나게 됨에 따라, 열역학 제1법칙인 에너지 보존법칙을 이용하여 주어진 조건하(25℃, 1기압) 여러 기존 데이터를 잘 활용한다면 유추할 수 있는 새로운 반응이나 재료의 엔탈피 값을 구할 수 있지 않을까 하는 생각에서 헤스의 법칙은 시작되었다.

이것이 가능한 이유는 화학반응의 엔탈피 값들이 모두 크기 성질이기 때문이고 똑같은 표준상태에 있다고만 하면 에너지 보존법칙에 의해 알고자 하는 화학반응의 엔탈피 변화량을 구할 수 있기 때문이다.

헤스의 법칙을 정의해 보면 "화학반응이 하나의 스테이지로 일어나든 여러 스테이지로 일어나든지 간에 온도와 압력 또는 온도와 부피가 일정하다면(같은 표준상태에 있기만 하면) 그 화학반응의 엔탈피 변화 값은 같다"라는 법칙이다.

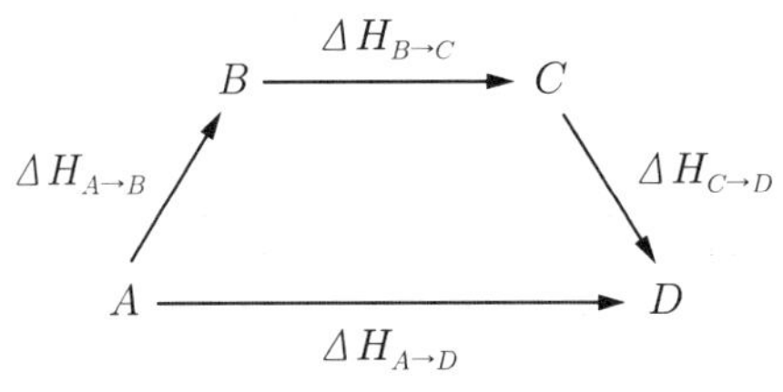

그림 1.5. 헤스의 법칙의 원리

$$\Delta H_{A\to D} = \Delta H_{A\to B} + \Delta H_{B\to C} + \Delta H_{C\to D}$$

따라서 $A\to D$로 가는 화학반응의 정보는 에너지 보존법칙에 의해 기존에 이미 알려진 $A\to B\to C\to D$의 정보를 이용하여 구할 수 있다.

문제 1.B

다음 반응들의 엔탈피 변화 값은 다음과 같이 주어진다.

$$2B+3H_2+3O_2+aq.=2H_3BO_3(dil.sol) \qquad \cdots(1.B.1)$$

$$\Delta H^0_{298}=-512.8\,kcal$$

$$B_2O_3+3H_2O(l)+aq.=2H_3BO_3(dil.sol) \qquad \cdots(1.B.2)$$

$$\Delta H^0_{298}=-4.12\,kcal$$

$$H_2+\frac{1}{2}O_2=H_2O(l) \qquad \cdots(1.B.3)$$

$$\Delta H^0_{298}=-68.73\,kcal$$

B_2O_3의 1몰당 표준 형성열과 1g당 표준 형성열을 계산하라. B와 O의 원자량은 각각 10.82와 16.0이다.

풀이 B_2O_3의 표준 형성열을 구하기 위해 주어진 식을 이용하여 식 (1.B.4)를 만들어야 한다.

$$2B+\frac{3}{2}O_2=B_2O_3 \qquad \cdots(1.B.4)$$

식 (1.B.4)은 다음의 반응들을 이용해 만들 수 있다.

$$2B+3H_2+3O_2+aq.=2H_3BO_3(dil.sol) \qquad \cdots(1.B.1)$$

$$2H_3BO_3=B_2O_3+3H_2O(l)+aq. \qquad \cdots(1.B.2)'$$

$$3H_2O(l)=3H_2+\frac{3}{2}O_2 \qquad \cdots(1.B.3)'$$

헤스의 법칙에 의해

$$\begin{aligned}\Delta H^0_{298,(1.B.1)} &= \Delta H^0_{298,(1.B.1)}+\Delta H^0_{298,(1.B.2)'}+\Delta H^0_{298,(1.B.3)'}\\ &=(-512.8)+(-(-4.12))+(-3(-68.73))\\ &=-302.49\,kcal\end{aligned}$$

따라서 B_2O_3의 1몰당 표준 형성열은 $-302.49\ kcal$이다.

$$B_2O_3 \text{의 원자량} = 2 \times 10.82 + 3 \times 16.0$$
$$= 69.64$$

따라서 B_2O_3의 1g당 표준 형성열은 $-302.49/69.64 = -4.343\,kcal$이다. ■

1.5 온도에 따른 엔탈피 변화 값 구하기 (Variation of Enthalpy Change with Temperature)

20세기 초 많은 과학자들이 구해놓은 열역학 테이블은 25℃, 1기압하에서 계산되었다. 그러나 우리가 알고자 하는 화학반응의 변화가 주어진 시간 내에 완전히 일어나려면 25℃는 너무 낮은 온도이다. 따라서 25℃보다 훨씬 높은 온도에서의 엔탈피 변화 값을 알아야 할 필요성이 생겼다. 여기서 알고자 하는 화학반응이 대부분 지표면상에서 이루어지므로 압력은 1기압으로 동일하다. 많은 연구실들이 낮은 층에 위치해 있는 것은 높이에 따라 발생하는 기압의 변화를 최소화하기 위함이다.

25℃보다 훨씬 높은 온도(내가 열처리하고 싶은 온도)에서의 엔탈피 변화 값은 앞의 열용량의 정의로부터 쉽게 구할 수 있다. 키르히호프가 제시한 방정식을 활용하면 열용량 값으로부터 내가 원하는 온도에서의 엔탈피 변화 값을 구할 수 있다.

일정한 압력에서 열용량 즉 키르히호프 방정식은 다음과 같다.

$$C_P = \left(\frac{\delta q}{dT}\right)_P = \left(\frac{dH}{dT}\right)_P$$

이 식을 화학반응식으로 확장하면

$$\Delta C_P = \left(\frac{d\Delta H^0}{dT}\right)_P \quad \cdots (1.17)$$

이므로 엔탈피 변화 값으로 정리 후 적분을 하면 원하는 온도(열처리 온도, 알고자 하는 온도)에서의 엔탈피 변화 값을 구할 수 있다.

$$d\Delta H = \Delta C_p dT$$

온도가 T_1과 T_2에서 화학반응의 엔탈피 변화량을 ΔH^0_{T1}과 ΔH^0_{T2}라 하고 (1.17)식을 적분하면

$$\int_{\Delta H_{T1}^{0}}^{\Delta H_{T2}^{0}} d(\Delta H^{0}) = \int_{T1}^{T2} \Delta C_p dT$$

$$\Delta H_{T2}^{0} - \Delta H_{T1}^{0} = \int_{T1}^{T2} \Delta C_p dT$$

$$\Delta H_{T2}^{0} = \Delta H_{T1}^{0} + \int_{T1}^{T2} \Delta C_p dT \quad \cdots (1.18)$$

즉

$$\Delta H_{T2}^{0} = \Delta H_{T1}^{0} + \int_{T1}^{T2} \sum C_{p,\,product} - \sum C_{p,\,reactant}\; dT \quad \cdots (1.19)$$

만약 임의의 온도 T_1에서 화학반응에 대한 ΔH_{T1}^{0} (standard enthalpy change of reaction) 값을 알고 온도가 T_1과 T_2 사이의 반응물과 생성물의 열용량 값을 알고 있다면 임의 온도 T_2에서 ΔH_{T2}^{0} 값을 계산할 수 있다.

이 식을 통해 ΔH_{T2}^{0} 값을 구하면 임의의 온도 T_2에서 화학반응이 일어날 것인지 아닌지의 여부를 판단할 수 있다. 주의해야 할 점은 만약 T_1, T_2 사이의 온도에서 융해(melting)이나 승화(sublimation), 기화(vaporization) 및 동소변태(allotropic transformation) 같은 상변태가 일어날 경우 이 부분에 대한 잠열(latent heat)을 추가로 교정하여 계산해주어야 한다.

문제 1.C

25℃(298K) 1기압하에서 다음 화학반응에 대한 표준 반응열은 31.3822$kcal$이다. 그럼 125℃(398K), 1기압하에서의 이 반응의 표준 반응열을 구하라.

$$C(graphite) + (H_2O) = (CO) + (H_2) \quad \cdots (1.C.1)$$

$$C_{p,\,C(graphite)} = 2.066\, cal/\deg/mole$$

$$C_{p,\,(H_2O)} = 8.205\, cal/\deg/mole$$

$$C_{p,\,(CO)} = 6.965\, cal/\deg/mole$$

$$C_{p,\,(H_2)} = 6.982\, cal/\deg/mole$$

풀 이 식 (1.18)을 이용하면 높은 온도에서의 표준 엔탈피 변화 값을 계산할 수 있다.

$$\Delta H_T^0 = \Delta H_{298}^0 + \int_{298}^{398} \Delta C_p dT$$

$$\Delta H_{298,(1.C.1)}^0 = 31382.2\,cal$$

$$\Delta H_{398,(1.C.1)}^0 = \Delta H_{298,(1.C.1)}^0 + \int_{298}^{398} [C_{p,(CO)} + C_{p,(H_2)} - C_{p,C(graphite)} - C_{p,(H_2O)}]dT$$

$$\Delta H_{398,(1.E.1)}^0 = 31382.2 + (6.965 + 6.982 - 2.066 - 8.205) \times (398 - 298) = 31749.8\,cal$$

따라서 125℃(398K) 1기압하에서 반응(1.C.1)의 표준 반응열은 31749.8cal 또는 31.7498$kcal$이다. 이때 화학반응은 역반응이 일어난다. ■

문제 1.D

427℃(700K) 1기압하에서 액상 Zn과 O_2 기체로부터 고상 ZnO가 형성되는 반응의 표준 형성열을 계산하라. 이때 Zn의 녹는점은 227℃(500K)이고 그때의 잠열은 2.47$kcal/mole$이다.

$$H_{298,<ZnO>}^0 = -57.5kcal/mole$$

$$C_{p,<ZnO>} = 9.5 + 2.0 \times 10^{-3} T cal/\deg/mole$$

$$C_{p,\{Zn\}} = 7.5 - 0.5 \times 10^{-3} T cal/\deg/mole$$

$$C_{p,<Zn>} = 3.5 + 1.0 \times 10^{-3} T cal/\deg/mole$$

$$C_{p,(O_2)} = 7.16 + 1.0 \times 10^{-3} T - 0.4 \times 10^5 T^{-2} cal/\deg/mole$$

풀 이 주어진 온도 조건에서 Zn의 상변태가 일어난다. 상변태로 인해 변하는 엔탈피 값을 계산해주기 위해 계산 구간을 다음과 같이 나누어야 한다.

$$427^0 C(700K) \qquad \{Zn\} + \frac{1}{2}(O_2) = <ZnO> \qquad \cdots (1.D.1)$$

$$227^0 C(500K) \qquad < Zn > \; = \; \{Zn\} \qquad \cdots (1.D.2)$$

$$25^0 C(298K) \qquad < Zn > \; + \frac{1}{2}(O_2) = \; < ZnO > \qquad \cdots (1.D.3)$$

(1) 우선 25℃(298K)부터 227℃(500K)까지 (1.D.3)의 표준 반응 엔탈피 변화 값을 계산한다.

$$\Delta H^0_{500,\,(1.D.3)} = \Delta H^0_{298,\,(1.D.3)} + \int_{298}^{500} \Delta C_{P,\,(1.D.3)} dT$$

먼저 두 번째 항인 열용량의 적분부터 계산하고 $\Delta H^0_{298,(1.D.3)}$과 더해서 $\Delta H^0_{500,(1.D.3)}$을 구한다.

$$\int_{298}^{500} \Delta C_{P,\,(1.D.3)} dT$$

$$= \int_{298}^{500} \left[C_{p,\,<ZnO>} - C_{p,\,<Zn>} - \frac{1}{2} C_{p,\,(O_2)} \right] dT$$

$$= \int_{298}^{500} \Big[(9.5 + 2.0 \times 10^{-3}\, T) - (3.5 + 1.0 \times 10^{-3}\, T)$$

$$- \frac{1}{2}(7.16 + 1.0 \times 10^{-3}\, T - 0.4 \times 10^5\, T^{-2}) \Big] dT$$

$$= \int_{298}^{500} [2.42 + 0.5 \times 10^{-3}\, T + 0.2 \times 10^5\, T^{-2}]\, dT$$

$$= 2.42(500 - 298) + \frac{0.5 \times 10^{-3}}{2}(500^2 - 298^2) - 0.2 \times 10^5 \left[\frac{1}{500} - \frac{1}{298} \right]$$

$$= 556.3\, cal$$

따라서

$$\Delta H^0_{500,\,(1.D.3)} = -57500 + 556.3$$

$$= -56943.7\, cal$$

(2) 227℃(500K)에서 $< Zn > \; = \{Zn\}$의 잠열이 2470cal이다. 따라서 $\{Zn\} \; =< Zn >$는 $-2470 cal$이다. $\{Zn\} \; =< Zn >$로 순서를 바꾸어주는 이유는 식 (1.D.3)이 식 (1.D.1)로 되기 위해서는 고체 아연을 액체 아연으로 바꾸어주어야 하기 때문이다. 식 (1.D.3)에서 식 (1.D.2)를 빼면 식 (1.D.1)이 되는 것을

알 수 있을 것이다.

(3) 227℃(500K)부터 427℃(700K)까지 (1.D.1)의 표준 반응 엔탈피 변화 값을 계산한다.

$$\Delta H^0_{700,\,(1.D.1)} = \Delta H^0_{500,\,(1.D.3)} + \text{잠열} + \int_{500}^{700} \Delta C_{P,(1.D.1)}\, dT$$

먼저 열용량의 적분부터 계산하고 $\Delta H^0_{500,(1.D.3)}$과 잠열을 더해서 $\Delta H^0_{700,(1.D.1)}$을 구한다.

$$\int_{500}^{700} \Delta C_{P,\,(1.D.1)}\, dT$$

$$= \int_{500}^{700} \left[C_{P,\,<ZnO>} - C_{P,\,\{Zn\}} - \frac{1}{2} C_{P,\,(O_2)} \right] dT$$

$$= \int_{500}^{700} \Big[(9.5 + 2.0 \times 10^{-3} T) - (7.5 - 0.5 \times 10^{-3} T)$$

$$- \frac{1}{2}(7.16 + 1.0 \times 10^{-3} T - 0.4 \times 10^5 T^{-2}) \Big]$$

$$= \int_{500}^{700} [-1.58 + 2.0 \times 10^{-3} T + 0.2 \times 10^5 T^{-2}] dT$$

$$= -1.58(700 - 500) + \frac{2.0 \times 10^{-3}}{2}(700^2 - 500^2) - 0.2 \times 10^5 \left[\frac{1}{700} - \frac{1}{500} \right]$$

$$= -64.57\, cal$$

$$\Delta H^0_{700,\,(1.D.1)} = -56943.7 - 2470 - 64.57$$

$$= -59478.3\, cal$$

따라서 427℃(700K)에서 다음과 같은 화학반응은 정반응이 일어난다.

$$\{Zn\} + \frac{1}{2}(O_2) \rightarrow <ZnO>$$ ■

1장 연습문제

1. 열역학 제1법칙을 정의하고 이 법칙을 수학적으로 표현하라.

2. 열역학 제1법칙에서 열과 일의 부호를 관습적으로 결정하였는데, 그 방법을 기술하라.

3. 엔탈피를 정의하고 화학반응에서 그 의미를 기술하라.

4. 열용량이란 무엇이고 어떤 특징을 갖는가?

5. 키르히호프 방정식을 정의하라.

6. 반응열과 형성열, 연소열, 용해열을 정의하라.

7. 고체, 액체, 기체에서 표준상태를 정의하라.

8. 화학반응에서 반응의 정보를 열 출입 정보로부터 얻는다. 이때 약속한 사항 4개를 기술하라.

9. 헤스의 법칙이란?

10 2몰의 이상기체가 초기 부피 V_1에서 최종부피 $10\,V_1$으로 가역 등온팽창을 한 결과 10000cal의 일을 했다. 초기 압력 $P_1 = 100$ 기압 초기 온도 25℃이었다면, 최종 온도는 몇 도인지, 초기 부피 V_1은 얼마인지 구하라.

11 1707℃(1980K) 1기압하에서 NiO의 엔탈피 값과 1몰의 NiO의 온도를 25℃ (298 K)에서 1707℃(1980K) 1기압하까지 올리는데 필요한 열을 계산하라.

$$\Delta H^0_{298,\,NiO} = -57.5\,kcal/mole$$

$$C_{p,\,NiO} = 12.91\,cal/\deg/mole$$

12 주어진 정보들을 이용해 227℃(500K) 1기압하에서 고체 Pb와 기체 O_2 로부터 형성되는 고체 PbO의 표준 형성열을 구하라.

$$\Delta H^0_{298,\,<PbO>} = -52.4\,kcal/mole$$

$$C_{p,\,<PbO>} = 10.6 + 4.0\times 10^{-3}\,T\,cal/\deg/mole$$

$$C_{p,\,<Pb>} = 5.63 + 2.33\times 10^{-3}\,T\,cal/\deg/mole$$

$$C_{p,\,(O_2)} = 7.16 + 1.0\times 10^{-3}\,T - 0.4\times 10^{5}\,T^{-2}\,cal/\deg/mole$$

13 25℃(298K), 1기압하에서 형성된 Al_2O_3 1몰과 Fe 1몰, 반응된 FeO 1몰과 Al 1몰 그리고 생성된 Fe 1g당 표준 반응열을 구하라.

$$3<FeO>+2<Al>=<Al_2O_3>+3<Fe>$$

$$\Delta H^0_{298,\,<FeO>} = -63.3\,kcal/mole$$

$$\Delta H^0_{298\,<Al_2O_3>} = -400\,kcal/mole$$

철의 원자량 $= 56$

14 다음 반응의 표준 엔탈피 변화 값을 계산하라.

$$< Fe_2O_3 > + 3(CO) = 2 < Fe > + 3(CO_2)$$

$$3 < Fe_2O_3 > + (CO) = 2 < Fe_3O_4 > + (CO_2) \quad : \Delta H^0_{298} = -12.7kcal$$

$$< Fe_3O_4 > + (CO) = 3 < FeO > + (CO_2) \quad : \Delta H^0_{298} = -9.8kcal$$

$$< FeO > + (CO) = < Fe > + (CO_2) \quad : \Delta H^0_{298} = -4.4kcal$$

15 25℃, 1기압 상태에서의 주어진 데이터를 이용해 고체 W와 기체 O_2로부터 고체 WO_3가 형성되는 반응의 표준 형성열을 구하라.

$$< W > + (O_2) = < WO_2 > \quad : \Delta H^0_{298} = -134kcal$$

$$3 < WO_2 > + (O_2) = < W_3O_8 > \quad : \Delta H^0_{298} = -131.5kcal$$

$$< W_3O_8 > + \frac{1}{2}(O_2) = 3 < WO_3 > \quad : \Delta H^0_{298} = -66.5kcal$$

16 주어진 정보들을 이용하여 527℃(800K) 1기압하에서 액체 Pb와 기체 O_2 로부터 형성되는 고체 PbO의 표준 형성열을 구하라. Pb의 녹는점은 327℃(600K)이고 용해 잠열은 1.15kcal/mole이다.

$$\Delta H^0_{298, < PbO >} = -52.4 kcal/mole$$

$$C_{p, < PbO >} = 10.6 + 4.0 \times 10^{-3} T cal/deg/mole$$

$$C_{p, < Pb >} = 5.63 + 2.33 \times 10^{-3} T cal/deg/mole$$

$$C_{p, (O_2)} = 7.16 + 1.0 \times 10^{-3} T - 0.4 \times 10^5 T^{-2} cal/deg/mole$$

$$C_{p, \{Pb\}} = 7.75 - 0.74 \times 10^{-3} T cal/deg/mole$$

2 열역학 제2법칙

The Second Law of Thermodynamics

이 장에는 열역학 제2법칙과 그 법칙을 통해 얻은 도구인 엔트로피와 자유 에너지라는 개념에 대해 배우게 될 것이다. 우선 화학반응이 일어날지 안 일어날지를 판가름하는 기존의 도구인 엔탈피 변화의 문제점을 알아보고 이 문제점을 해결하기 위해 새로운 도구를 찾아내는 과정도 알아보도록 하자.

첫 번째 문제점은 화학반응 중 99%의 반응에서는 열역학 제1법칙을 통해 계산한 엔탈피 변화 값에 따라 반응이 일어났으나 1% 정도의 화학반응에서 $\Delta H < 0$인데도 불구하고 이 법칙의 예외가 발견됨에 따라 화학반응이 일어날지 일어나지 않을지에 대한 정보를 제공하는 새로운 열역학적 도구가 필요하다는 것을 깨닫게 되었다.

두 번째 문제점은 외부로부터 100만큼의 열에너지(heat)를 증기기관에 주었을 때 증기기관이 외부로 행한 일(work)은 받은 열에너지보다 훨씬 적게 한다는 것을 경험적으로 알게 되었다. 따라서 에너지 보존이 되기 위해선 나머지 에너지가 어디로 갔는지를 생각하다 효율이라는 개념을 생각하게 되었다.

따라서 열에너지를 100% 기계적 에너지로 변환하는 카르노 사이클이라는 이상적인 기관을 상정하여 효율이라는 개념을 정의하고, 여기에서 얻은 결과물로부터 열역학 제2법칙의 도구인 엔트로피라는 새로운 도구를 찾아내게 되었다.

엔트로피 개념으로부터 열역학 제2법칙이 탄생하게 되는데 열역학 제2법칙은 "순환 운동하는 기관에서 온도가 일정한 열원(reservoir)으로부터 열을 취해 그 열원이나 주변에 변화를 주지 않고 모두 일로 바꿀 수 있는 기계를 만드는 것은 불가능하다"이다. 한마디로 영구기관은 불가능하다는 것이 열역학 제2법칙인 것이다.

그럼 하나하나 자세히 살펴보자.

① 열역학 제1법칙으로 얻은 엔탈피 값의 변화로 화학반응이 일어나는지 아닌지를 판가름하다 찾아낸 문제점에 대해 알아보자.

우리는 이전 장에서 엔탈피 변화 값을 계산하여 화학반응이 일어나는지 아닌지를 알아보았다. 그러던 도중 25℃ 1기압하에서 백주석(white tin)이 회주석(grey tin)이 되는 화학반응의 엔탈피 변화 값이 발열반응인 $\Delta H = -500\text{cal}(\Delta H < 0)$을 얻게 되었다.

$$\langle \text{Sn} \rangle_{\text{white},\ 298K} \rightarrow \langle \text{Sn} \rangle_{\text{grey},\ 298K}$$

이 경우 열역학 제1법칙에 의하면 25℃ 1기압하에서 화학반응은 백주석에서 회주석으로 화학반응이 일어나 회주석으로 존재할 것으로 예측되었으나 실제로는 25℃ 1기압하에서 백주석이 회주석보다 더 안정한 형태로 존재하게 되어 열역학 제1법칙으로부터 얻었던 도구인 엔탈피 변화 값이 모든 화학반응의 대한 정보를 정확하게 제공하지 못한다는 문제점에 봉착하게 되었다. 뿐만 아니라 온도와 압력이 일정한 표준상태에서 많은 자발반응들의 엔탈피 변화값이 마이너스라면 화학반응이 일어나야 하지만 몇몇 반응들은 자발반응이 일어나지 않거나 오히려 흡열반응이 일어날 것으로 예상되는 $\Delta H > 0$ 값을 가지게 될 때 화학반응이 일어나는 예외의 경우가 생김을 알게 되었다. 즉 화학반응 중 99%의 반응에서 열역학 1법칙을 통해 계산한 엔탈피 변화 값에 따라 반응이 있어났으나 1% 정도의 화학반응에서 이 법칙의 예외가 존재함을 알게 됨에 따라 반응이 일어날지 일어나지 않을지에 대한 정보를 제공하는 새로운 열역학적 도구가 필요하다는 것을 깨닫게 되었다.

② 산업혁명 이후로 증기기관에 대한 효율 관찰

외부로부터 100만큼의 열에너지를 증기기관에 주었을 때 증기기관이 외부로 행한 일은 받은 열에너지보다 훨씬 적게 한다는 것을 경험적으로 알게 되었다. 따라서 에너지 보존이 되기 위해선 나머지 에너지가 어디로 갔는지를 생각하다 효율이라는 개념을 고려하게 되었다. 다시 말하자면 증기기관에서 열원으로부터 열을 뽑아 일할 때 일부의 열이 낮은 온도(대기 중)로 방출되지 않고서는 (열을 외부로 빼앗기지 않고서는) 유효한 일을 할 수가 없다는 사실이다. 즉 열원으로부터 열을 뽑아 일할 때 반드시 일부의 열이 낮은 온도로 방출되며 이것으로 인해 열을 기계적 에너지로 100% 변환할 수 없다는 것으로 이 사실을 화학반응과 연관 지어 이해해 보면 화학반응을 시킬 때 화학반응이 일어나는 장소인 계에서만 에너지 변화가 있지 않고 계의 에너지가 주위로 많이 방출되는 몇몇 화학반응들의 경우 계만의 엔탈피 변화 정보만으로 화학반응이 일어나는지 아닌지를 판단하면 화학반응에 대한 정보가 종종 틀릴 수 있음을 이해하게 되었다.

따라서 열에너지를 100% 기계적 에너지로 변환하는 카르노 사이클이라는 이상적인 기관을 고찰하여 효율이라는 개념을 정의하고. 여기에서 얻은 결과물로부터 열역학 제2법칙의 도구인 엔트로피 도구를 찾아내어 이 문제들을 해결할 수 있게 되었다.

우리의 경험에 따르면 계가 외부로부터 열을 받아 외부로 일을 할 때 계의 바깥 공기 중으로 열을 빼앗김을 알 수 있다. 이 열을 많이 빼앗기게 되면 온도와 압력이 일정한 계라 할지라도 계와 주위의 질서도가 변하게 되고 계에서 빼앗긴 열에너지가 주위에 큰 영향을 주게 되면 계만 고려하여 계산한 엔탈피 변화로부터 예측되는 화학반응의 정보는 틀릴 수 있게 된다.

그래서 무질서도라는 개념을 가지고 화학반응의 정보를 얻고자 하였고, 그 값을 계산할 때에는 반드시 계의 무질서도 값의 변화와 함께 주위의 무질서도 값의 변화를 모두 계산해서 판단하게 된다. 그 결과 그 무질서도 값의 합이 0보다 크면 정반응이 일어나게 되고 그 무질서도 값의 합이 0보다 작다면 역반응이 일어나게 된다.(다른 표현은 정반응이 절대 생기지 않는다.)

우리가 평소에 경험했던 사실들 중 물질의 부패란 규칙적이고 정교한 복합세포(에너지가 높은 상태)가 시간이 지남에 따라 무질서한 단순세포로 변화하는 것을 말하고, 이와같이 질서도가 높은 곳에서 질서도가 낮은 곳으로 가는 행위는 에너지적으로 안정해지는 과정이며, 이것은 정반응이 생기는 자연스럽고 자발적인 반응을 말한다. 이런 현상을 쉽게 이해하기 위해선 교수님이 강의실에서 강의중일 때는 학생들이 모두 자기자리에 규칙적으로 앉아 공부를 하고 있지만(에너지가 높은 상태) 수업이 끝나면 일부 학생들은 강의실에 남아 떠들고, 일부는 도서관으로 가서 공부하는 학생들도 있으며, 몇몇 학생들은 커피숍이나 당구장 등으로 뿔뿔이 흩어지듯이 질서도가 높은 곳에서 질서도가 낮은 상태로 변화하여 에너지를 낮추려는 행동이었음을 알 수 있다.

③ 카르노 사이클(Carnot cycle)

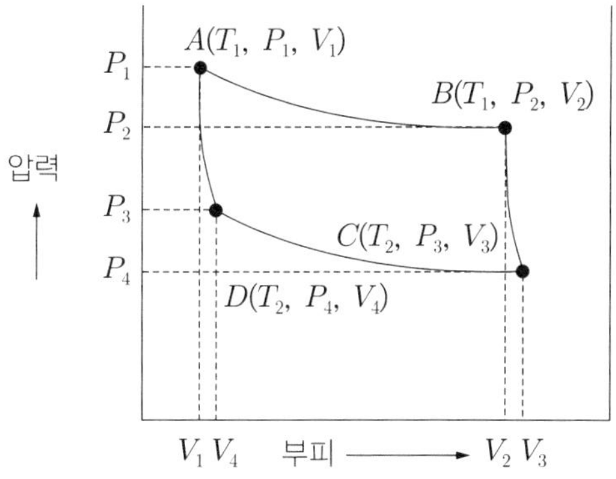

그림 2.1 카르노 사이클

그럼 열역학 제2법칙으로부터 얻을 도구인 엔트로피(무질서도)를 찾기 위해 카르노 사이클이라는 내연기관을 고찰해 보자. 여기서 카르노 사이클은 기관이 받은 열을 모두 100% 기계적인 에너지인 일로 변환하는 이상적인 내연기관이라 가정해 보자. 이 기관의 특징은 받은 열을 모두 일로 전환하므로 기관 내 내부 에너지 변화 ΔU는 0, 즉 없다. 이런 기관은 외부로 에너지를 빼앗기지 않고 에너지의 형태만 바꾸어주는 기관이므로 한번 동작하기 시작하면 영원히

작동하는 영구기관이므로 인간은 실제로 이런 내연기관을 지구상에서 절대 만들 수 없다. 이와 같은 영구기관으로 작동되기 위해선 2개의 등온곡선과 2개의 단열곡선으로 작동되는 구조로 이루어져 있어야 한다.

이 사이클 운동을 설명하기 위해 주요 포인트 A, B, C, D 4개의 지점이 있다. 이 점들은 압력, 온도, 부피의 좌표로 정의되며 A와 B 지점은 온도가 T_1인 등온곡선 상에 있으므로 A지점은 $(T_1,\ P_1,\ V_1)$으로, B지점은 $(T_1,\ P_2,\ V_2)$라 정의할 수 있고 마찬가지로 C와 D 지점은 온도가 T_2인 등온곡선 상에 있으므로 C지점은 $(T_2,\ P_3,\ V_3)$로, D지점은 $(T_2,\ P_4,\ V_4)$라 정의할 수 있다. 그럼 이 기관이 A→B→C→D→A라는 사이클 운동을 할 때 각 단계에서 행한 일을 계산해 보면

첫 번째 A → B로 가는 첫 번째 일(work)인 $W_{1(A\to B)}$값을 구해 보면 A → B 과정은 가역적(reversible) 등온팽창 구간이고 T_1이라는 온도상태에서 B쪽으로 이동할수록 부피가 커진 만큼 압력은 낮아지게 된다. 뿐만 아니라 가해준 열은 모두 일로 전환된다고 하였으므로 이때 내부에너지 변화 값은 0이다.

$$dU = dq - dW = 0\text{이고, 따라서}$$
$$dq = dW\text{와 같고}$$

$$\int dq = \int_A^B dW = W_{1(A\to B)} = \int_{V_1}^{V_2} p dV = \int_{V_1}^{V_2} \frac{RT_1}{V} dV = RT_1 \ln\frac{V_2}{V_1},\ \left(p = \frac{RT}{V}\right)$$

따라서 A → B로 가는 첫 번째 $W_{1(A\to B)}$은 $W_{1(A\to B)} = RT_1\ln\dfrac{V_2}{V_1}$이 되고

두 번째 B → C로 가는 두 번째 일(work)인 $W_{2(B\to C)}$값을 구해 보면 B → C 과정은 가역적 단열팽창 구간이다. 단열이라는 뜻은 $dq = 0$을 의미한다.

따라서 $dU = -dW$이고 $dU = C_v dT$를 이용해 $\int_B^C dW = W_{2(B\to C)} = -\int_{T_1}^{T_2} C_V dT$ 라 쓸 수 있어 B → C로 가는 두 번째 $W_{2(B\to C)}$는 $W_{2(B\to C)} = -\int_{T_1}^{T_2} C_V dT$ 이 되며,

세 번째 C → D로 가는 세 번째 일(work)인 $W_{3(C\to D)}$값을 구해 보면 C → D 과정은 가역적 등온압축이 구간이다. 첫 번째 식과 같은 방법으로

$$dU = dq - dW = 0$$

$$\int dq = \int_C^D dW = W_{3(C \to D)} = \int_{V_3}^{V_4} pdV = \int_{V_3}^{V4} \frac{RT_2}{V} dV = RT_2 \ln \frac{V_4}{V_3}$$

따라서 C → D 로 가는 세 번째 $W_{3(C \to D)}$는 $W_{3(C \to D)} = RT_2 \ln \frac{V_4}{V_3}$이 되고

네 번째 D → A로 가는 네 번째 일(work)인 $W_{4(D \to A)}$값을 구해 보면 D → A 과정은 가역적 단열압축 구간이다. 이 경우도 두 번째 방법을 이용하여 구할 수 있다.

$$\int_D^A dW = W_{4(D \to A)} = - \int_{T_2}^{T_1} C_V dT$$

따라서 D → A로 가는 네 번째 $W_{4(D \to A)}$는 $W_{4(D \to A)} = - \int_{T_2}^{T_1} C_V dT$이 된다.

전체 시스템에서 이 사이클에서 행한 전체 순 일(total net work) W를 구해보면

W=가역적(reversible) 등온팽창 W_1+가역적 단열팽창 W_2+가역적 등온압축 W_3+가역적 단열압축 W_4이므로

$$\begin{aligned} W &= W_1 + W_2 + W_3 + W_4 \\ &= RT_1 \ln \frac{V_2}{V_1} + \left(- \int_{T_1}^{T_2} C_v dT \right) + RT_2 \ln \frac{V_4}{V_3} + \left(- \int_{T_2}^{T_1} C_v dT \right) \\ &= RT_1 \ln \frac{V_2}{V_1} + RT_2 \ln \frac{V_4}{V_3} \quad \left(\frac{V_2}{V_1} = \frac{V_3}{V_4} \right) \text{이므로} \\ &= RT_1 \ln \frac{V_2}{V_1} - RT_2 \ln \frac{V_2}{V_1} = R(T_1 - T_2) \ln \frac{V_2}{V_1} \end{aligned}$$

따라서 효율이란 초기에 이 내연기관을 움직이기 위해 계에 가해진 열(고온에서 공급된 열)로 인해 이 사이클 운동을 하면서 일한 전체 순 일(total net work)의 비를 말한다. 다시 말하면 초기에 이 기관이 받은 열로 인해 사이클 운동한 전체 일(total work)의 비율을 말한다. 만약 내연기관이 외부로부터 100 정도의 열에너지를 받아 모두 기계적 에너지로 변환했다면 효율은 1 혹은 백분율로 나타내면 100이라 할 수 있고, 받은 에너지를 모두 기계적 에너지로 바꾸는데 각 내연기관마다 차이가 많이 생긴다면 이것은 당연히 내연기관의 효율 차이라고 보면 된다.

카르노 사이클에서는 초기 고온에서 공급된 열에너지 q_1이 모두 W 기계적 에너지로 일(work)한 경우이므로 효율은

$$*효율(Efficiency) = \frac{행해진\ 일}{고온에서\ 공급된\ 열}\ 이므로$$

$$= \frac{W}{q_1} = \frac{R(T_1 - T_2)\ln\frac{V_2}{V_1}}{RT_1\ln\frac{V_2}{V_1}} = \frac{T_1 - T_2}{T_1} = \frac{q_1 + q_2}{q_1}$$

라 쓸 수 있다. 많은 학생들이 온도 항(term)의 부호는 이해가 되나 열에너지 항의 부호를 이해 못하곤 한다. 이것은 초기에 q_1이라는 열을 받아 일(work)하게 되면 열 q_2를

$$\frac{T_1 - T_2}{T_1} = \frac{q_1 + q_2}{q_1}$$

시스템 외부로 빼앗기게 되므로 앞에서 열에너지의 관습적인 부호에 따라 $q_1 - (-q_2)$가 됨에 따라 분자 항이 $q_1 + q_2$가 되었음을 인지해야 한다.

그럼

$$1 + \frac{q_2}{q_1} = 1 - \frac{T_2}{T_1}이고$$

$$\frac{q_2}{q_1} = \frac{T_2}{T_1}$$

$$\frac{q_2}{T_2} = -\frac{q_1}{T_1}$$

라 쓸 수 있다. 정리하면 화학반응이 평형상태를 유지하기 위해선 무질서도라는 엔트로피 항이 변화하지 않고 0으로 유지하면 된다. 우린 이것을 가역반응이라 하고 다음 단원에서 더 자세히 배우게 될 것이다. 화학반응이 일어나려면 앞서 애기했지만 무질서도가 커져야 에너지가 낮아져 화학반응이 생길 수 있듯이 무질서도 값인 이 항이 0보다 크게 되어야 한다. 따라서 화학반응에서 우리가 알고 싶은 정보는 무질서도라는 이 항이 0보다 크거나 같을 때이다.

$$\frac{q_2}{T_2} + \frac{q_1}{T_1} \geq 0$$

$$\sum \frac{q_{rev}}{T} = 0\ (열역학\ 제2법칙)$$

따라서 카르노 사이클이라는 이상적인 내연기관에서 외부로부터 열에너지를 받아 외부로

일(work)할 때 효율이라는 개념을 통해 내연기관을 분석하였고, 이를 이용하여 화학반응이 일어날지 안 일어날지에 대한 예외 없는 정보를 제공할 새로운 도구로 q_{rev}/T 엔트로피라는 무질서도라는 개념을 찾아내어 열역학 제2법칙을 정의하게 되었다.

2.1 엔트로피(Entropy)

엔트로피는 결국 효율에 관한 이야기를 해주는 것이므로 계와 주위에 대한 엔트로피를 합산해서 화학반응의 정보를 얘기하여야 한다고 하였다.

이로부터 열역학 제2법칙이 탄생하게 되는데 한마디로 영구기관은 불가능하다는 얘기이다. 켈빈(Kelvin)과 플랑크(Plank)라는 학자에 의해 제시된 열역학 제2법칙의 정의는 **"순환 운동하는 곳에 온도가 일정한 열원(reservoir)으로부터 열을 취해 그 열원이나 주위에 변화를 수반하지 않고 모두 일로 바꿀 수 있는 기계를 만드는 것은 불가능하다"**이다. 즉 온도가 일정하고 순환과정 운동을 하는 기관에서 열원(계)과 주위의 변화를 수반됨이 없이 열을 100% 일로 바꿀 수 없다는 뜻이다. 즉 실제 운동을 하는 기관에선 열원인 계보다 낮은 온도인 주위에게 에너지를 뺏기게 되므로 열을 100% 기계적 에너지인 일로 변환할 수 없다는 말이다. 따라서 인간이 만든 기계의 효율이 1일 수 없어 한 번의 열에너지를 받고 계속적으로 순환할 수 있는 영구기관을 만든다는 것은 불가능하다.

▶ 그럼 무질서도(Entropy)란?

온도가 T로 일정한 계(system)에서 아주 미소한 열량 δq를 가역적인 방법으로 흡수 방출하는 가역과정(reversible process)을 생각하자. 가역과정이란 화학반응이 평형상태를 유지하여 마치 거시적으로 보면 큰 변화가 없는 것처럼 보이는 상태를 말한다. 즉 온도가 일정한 계에서 미시적 변화를 주기 위해 미소한 열량 δq을 외부로 흡수하거나 방출시키면 비록 거시적으로 계의 온도는 일정하게 유지되어도 반드시 미시적으론 계와 주위의 무질서도 변화가 생기게 된다. 따라서 계가 평형상태를 유지하는 어떤 기관이라 할지라도 계와 주위의 무질서도(엔트로피)의 변화를 일으키지 않고서 일을 할 수가 없다는 뜻이다.

따라서 무질서도(entropy change) dS는

$$dS = \frac{\delta q_{rev}}{T} \qquad \cdots (2.1)$$

라 표시한다.

엔트로피도 에너지 관련 개념이기 때문에 크기 성질(extensive property)이다. 크기 성질이라는 것은 계의 크기에 의존한다는 것이다. 그래서 엔트로피의 단위를 보면 $cal/\deg/mole$이라 표현하고 이는 열용량(heat capacity)과 같은 단위를 나타낸다. 따라서 엔트로피 계산을 할 때에는 반드시 계와 주위 간의 구별이 중요하고 계와 주위에 대해 모두 계산을 해줘야 한다. 앞의 엔탈피 예시에서 문제가 생긴 원인은 주위에 뺏긴 열량 때문에 화학 반응의 정보가 실제와 달라졌기 때문이다. 따라서 정확한 화학 반응의 정보를 얻기 위해서는 계와 주위의 엔트로피 변화량 모두를 다 계산해주었어야 한다는 말이다.

앞에서 주어진 온도와 압력하에서 엔탈피 변화 값으로 화학반응의 정보를 알아낼 수 있는 99%의 경우와 정보가 다른 1%의 문제점들이 앞에 존재했었다. 그러나 엔트로피라는 도구를 이용해 계산 시 계와 주위의 무질서도 모두를 계산하여 사용하므로 화학반응의 정보를 100% 예외 없이 정확하게 얻을 수 있게 되었다. **하지만 문제는 화학반응의 정확한 정보를 알기 위해선 계와 주위의 엔트로피를 매번 계산해야 하므로 계산이 엔탈피 경우보단 더 복잡해졌다는 단점이 생기게 되었다.** 엔탈피만을 이용해 계산 시에는 계만 고려하여 계산하면 되었으나 엔트로피는 계와 주위 모두를 계산해야 하기에 너무 복잡하다. 이 문제를 개선한 것이 바로 자유에너지의 개념이다. **자유에너지는 엔탈피와 엔트로피의 개념을 합쳐 새로운 개념의 도구를 만듦으로써 계에서만 계산하면 모든 화학반응의 정보를 100% 알아낼 수 있었고 지금은 자유에너지라는 도구로 화학반응이 일어나는지 안 일어나는지 손쉽게 계산하여 화학반응의 정보를 알 수 있게 되었다. 따라서 우리 책에선 주위(surrounding)의 엔트로피를 계산하는 것은 생략하고 계(system)의 엔트로피 계산만 연습하고 넘어가려 한다.**

그럼 우리가 경험하는 화학반응을 크게 나누어 보면 가역적 반응(reversible process)과 비가역적 반응(irreversible process)으로 나눌 수 있다. 가역적인 반응은 고립계(isolated system)에서 평형상태를 유지하는 반응을 의미한다. 평형상태는 반응이 일어나지 않는 것처럼 보이지만 사실은 정반응의 속도와 역반응의 속도가 같은 반응을 말하며, 그 이외에 비가역 반응이란 화학반응이 처음 상태에서 최종 상태까지 급격히 진행되는 비평형 과정을 의미한다. 따라서 자발적인 반응이 생기면 최종 상태가 되는 반응을 말한다.

2.2 가역 반응에서의 엔트로피 변화 (Entropy Change for a Reversible Process)

그럼 가역반응에서 엔트로피 변화가 주는 물리적 의미를 알아보자.

가역 반응이란 고립계(isolated system)에서 평형상태를 유지하고 있는 반응을 의미하고, 평형 상태란 반응이 일어나지 않는 것처럼 보이지만 사실은 정반응의 속도와 역반응의 속도가 같은 반응을 말한다고 하였다. 이런 상태에서는 계(system)와 주위(surrounding)의 엔트로피 변화 값의 합은 거시적으로 변화가 없는 것처럼 보이므로 계와 주위의 무질서도 변화 합은 언제나 0이다.

$$\Delta S_{system} + \Delta S_{surrounding} = 0 \qquad \cdots (2.2)$$

평형이란 주어진 조건에서 제일 안정한 상태를 말하며, 화학반응의 가역반응도 화학반응을 일으키는 과학적 변수인 자유도에 따라 평형의 종류를 3가지로 분류할 수 있다. 첫째 압력, 부피와 같은 과학적 변수들과 관련된 기계적 평형(mechanical equilibrium), 둘째 열과 관련된 온도 평형(temperature equilibrium) 그리고 셋째 조성과 관련된 화학적 평형(chemical equilibrium)이 있다.

① **기계적 평형**이란 위치 에너지(무게중심)가 최소화되는 것을 말한다. 벽돌을 세워두거나(A라는 상태) 눕혀두면(C라는 상태) 움직이지 않고 가만히 있지만 중간 상태로 벽돌을 기울려 놓아두면(B라는 상태) 이 벽돌은 서거나 누우면서 에너지를 낮추려고 할 것이다. 이렇게 기울어져 있어 가만히 있지 못하고 에너지를 낮추려고 변화하려고 하는 상태를 불안정(unstable) 상태라 하고, 변화하지 않고 가만히 있는 상태를 넓은 의미로 안정(stable) 상태라 한다. 이 안정상태는 다시 안정한 상태 정도에 따라 누워있는 상태가 서있는 상태보다 더욱 안정하기 때문에 누워있는 상태를 좁은 의미로 안정 상태라 하고 서있는 상태를 준안정(meta stable) 상태라 한다. 이는 무게 중심이 위치가 B, A, C 순으로 낮다는 사실을 통해 무게 중심의 높이가 이들 상태와 밀접하게 관련되어 있음을 알 수 있다. 따라서 위치 에너지의 관점으로 그 물리적 의미를 살펴보면 A와 C는 오목한 지점, B는 볼록한 지점에 위치한다. 그렇기 때문에 위치에너지를 두 번 미분하면 A와 C지점은 플러스 값이, B지점은 마이너스 값이 나오게 되며 B지점에 있으면 에너지 적으로 불안정하여 결국 A나 C로 움직여 더 안정한 곳으로 이동하게 된다.

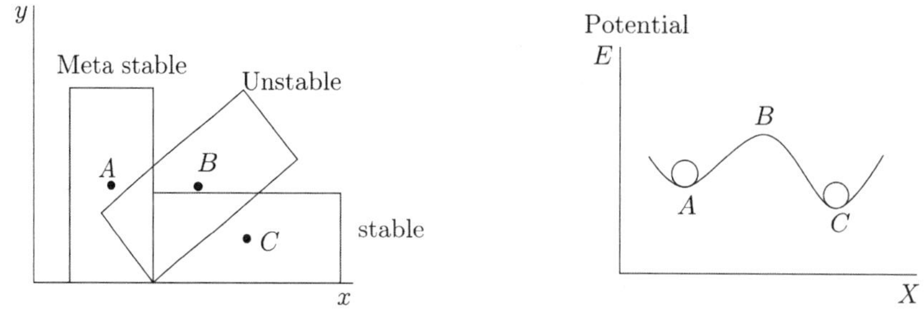

그림 2.2 무게중심과 포텐셜 에너지로 본 기계적 평형

무게중심의 궤적

$$\left(\frac{d^2U}{dr^2}\right) > 0 \ stable$$

$$B(unstable) > A(metastable) > C(stable)$$

$$\left(\frac{d^2U}{dr^2}\right) < 0 \ unstable$$

② **온도 평형**이란 시스템의 온도가 같을 때를 말하며,

③ **화학적 평형**은 주어진 원자나 분자의 포텐셜 에너지가 모든 부분에서 같을 때를 말한다.
더 나아가 평형상태(가역반응)를 엔트로피의 개념으로 설명하면 계와 주위의 엔트로피 변화 값의 합이 0일 때를 평형이라 한다. 이렇게 평형상태를 유지할 때의 엔트로피 변화를 가역적 과정이라 한다.

2.3 비가역적 반응의 엔트로피 변화 (Entropy Change for an Irreversible Process)

화학반응에서 가역적 과정과는 달리 비가역적 반응도 있다. 비가역적 반응이란 화학반응이 자발적으로 초기 상태에서 최종 상태까지 급격히 일어나는 반응을 말한다. 이런 반응에서 계와 주위의 엔트로피 변화 값의 합은 0보다 크다. 따라서 이 화학반응에서 엔트로피(무질서도)가 커진다는 사실은 에너지적으로 안정하다는 의미(에너지가 낮아진다는)이고 이때 화학반응은 자발적으로 일어난다는 뜻이다. 즉 정반응이 생긴다.

$$\Delta S_{system} + \Delta S_{surrounding} > 0 \qquad \cdots (2.3)$$

즉, 자연과정에서 일어나는 모든 화학 반응은 무질서도가 높아지는 쪽으로 일어난다.

2.4 화학반응에서 엔트로피 변화 (Entropy Change for a Chemical Reaction)

그럼 엔트로피 개념을 화학반응의 정보를 알아내는데 사용해야 하므로 이 개념을 화학반응으로 확장하여 적용해 보자. 화학반응에서 생기는 엔트로피 변화는 생성물이 갖는 엔트로피의 합에서 반응물이 갖는 모든 엔트로피의 합을 빼었을 때 그 값이 0보다 크면 에너지적으로 안정하다는 의미이고 더 나아가 이 반응은 자발적으로 일어난다는 것을 뜻한다.

일반화된 화학반응식이 아래와 같이 주어질 때

$$aA + bB + \ldots = mM + nN + \ldots$$

여기서 A, B, ... 반응물을, M, N, ...은 생성물을 나타내고, a, b, ..., m, n, ... 등은 반응물과 생성물의 몰비를 나타낸다.

화학반응식의 엔트로피 변화 값 ΔS [(생성물이 갖는 엔트로피의 합) - (반응물이 갖는 엔트로피의 합)]은 다음과 같다.

$$\Delta S = (mS_M + nS_N + \ldots) - (aS_A + bS_B + \ldots)$$

이때 S_M, S_N, ..., S_A, S_B, ...는 다양한 물질들의 1몰당 엔트로피를 의미한다.

만약 모든 반응물과 생성물이 표준상태(standard state)에 있다면 ΔS 을 ΔS^0라 쓰고 이것을 반응의 표준 엔트로피 변화(standard entropy change of reaction)라 한다.

$$\Delta S^0 = (mS_M^0 + nS_N^0 + \ldots) - (aS_A^0 + bS_B^0 + \ldots)$$

여기서 S_M^0, S_N^0, ..., S_A^0, S_B^0, ...는 다양한 물질들의 1몰당 표준 엔트로피를 의미한다.

이때 화학반응에서 생기는 엔트로피 변화 값 ΔS가 0보다 크면 무질서도가 높아지므로 에너지적으로 안정하게 됨에 따라 자발적으로 이 화학반응이 일어난다는 것을 뜻하고, 0보다 작으면 역반응이 일어나게 된다. 즉 역반응이 일어난다는 것은 정반응이 절대 일어나지 않는다는 것을 의미한다.

그럼 엔트로피 변화 값을 구할 때 **주의해야 할 사항들**에 대해 알아보자. 엔트로피 변화 값도 역시 에너지와 관련된 개념이므로 **엔트로피 변화 값을 계산할 때 반드시 반응물과 생성물 모두**

일정한 온도와 압력하인 표준상태에 있어야 한다. 따라서 원하는 온도와 압력하에서 화학반응의 엔트로피 변화 값 ΔS를 구하기 위해선 그 온도와 압력하에서 반응물과 생성물의 엔트로피 값을 반드시 알아야 한다. 그리고 **엔탈피의 경우와는 달리 25℃, 1기압에서 원소들의 엔트로피 값은 존재한다.** 엔탈피의 경우 25℃, 1기압에서 원소들의 엔탈피 값을 기준으로 0이라고 했는데 엔트로피는 25℃라는 온도에 해당하는 열에너지에 의해 원자들이 열 진동을 하고 있기 때문에 무질서도가 존재함에 따라 엔트로피 값은 절대 0이 아니다. 엔트로피 값이 0이 되는 지점에 대한 기준점은 열역학 제3법칙에서 배우게 될 것인데 간단히 말하자면 순수한 재료에서 온도가 0K일 때는 열진동이 사라지고 그 재료의 엔트로피의 값이 0이 된다.

문제 2.A

25℃(298K), 1기압하에서 다음 식의 표준 반응 엔트로피 변화 값을 계산하여라.

$$<Cr_2O_3> + 3<C> = 2<Cr> + 3(CO)$$

$$S^0_{298,<Cr_2O_3>} = 19.4\,cal/\deg/mol$$
$$S^0_{298,<C>} = 1.36\,cal/\deg/mol$$
$$S^0_{298,<Cr>} = 5.68\,cal/\deg/mol$$
$$S^0_{298,(CO)} = 47.3\,cal/\deg/mol$$

풀 이 25℃(298K)에서 주어진 반응의 표준 엔트로피 변화 값은

$$\begin{aligned}\Delta S^0_{298} &= 2S^0_{298,<Cr>} + 3S^0_{298,(CO)} - S^0_{298,<Cr_2O_3>} - 3S^0_{298,<C>} \\ &= 2\times 5.68 + 3\times 47.3 - 19.4 - 3\times 1.36 \\ &= 129.78\,cal/\deg\end{aligned}$$

■

주의

본 교재에선 계에서의 엔트로피 값만 계산해 보면서 넘어가겠다고 한 점을 유념해야 한다. 따라서 주위에서의 엔트로피 값은 계산하지 않으므로 여기에선 화학반응의 정보 결과는 생각하지 않고 단지 계산하는 방법에만 치중하고 있다.

2.5 온도에 따른 엔트로피 값의 변화 (Variation of Entropy Change with Temperature)

엔트로피 변화값으로 화학반응에 대한 정보를 알아낼 때에도 엔탈피의 경우와 마찬가지로 화학반응이 일어나는 온도가 25℃, 1기압은 너무 낮은 온도이므로 실제 화학반응이 일어나는 온도 혹은 우리가 열처리하는 온도에서의 엔트로피 변화에 대한 정보를 구해야 그 온도에서 화학반응의 정보도 얻을 수 있다. 이 경우 2가지의 경우로 나누어 생각해 볼 수 있다. 첫째 특정온도에서 한 물질의 엔트로피 변화 값을 구하는 경우와 둘째 특정온도에서 다 물질로 이루어진 화학반응에서 엔트로피 변화 값을 구하는 경우로 나누어 생각해 볼 수 있다.

구하는 방법은 엔트로피의 정의를 이용하면 된다.

1. 특정 온도에서 한 물질의 엔트로피 구하기

한 물질로 구성된 계(system)에서 임의의 온도 T_1에서 엔트로피 S_{T_1} 값을 알고 있고, 온도를 T_2로 변화시켜 계에 어떤 한정된 변화를 수반시킬 때 그 온도에서의 엔트로피 값 S_{T_2}를 계산해보자. T_1과 T_2라는 온도가 주어졌을 때 엔트로피의 정의로부터 그 온도 구간으로 적분을 해보면

$$\int_{S_{T_1}}^{S_{T_2}} dS = \int_{T_1}^{T_2} \frac{\delta q_{rev}}{T}$$

이고, 정리해보면

$$S_{T_2} - S_{T_1} = \int_{T_1}^{T_2} \frac{\delta q_{rev}}{T}$$

라 쓸 수 있다.

여기서 S_{T_1}과 S_{T_2}는 각각 온도 T_1, T_2 일 때의 계의 엔트로피이다.

$C_p = \dfrac{\delta q_{rev}}{dT}$이므로 δq_{rev} 대신에 $C_p\, dT$를 위 식에 집어넣으면

$$S_{T_2} - S_{T_1} = \int_{T_1}^{T_2} \frac{C_p}{T} dT \qquad \cdots (2.4)$$

이고, 결국

$$S_{T_2} = S_{T_1} + \int_{T_1}^{T_2} \frac{C_p}{T} dT \qquad \cdots (2.5)$$

된다. 따라서 한 물질의 경우 식 (2.5)를 이용해 임의의 온도 T_2에서 엔트로피 값 S_{T_2}를 구하기 위해선 T_1온도에서의 엔트로피 값 S_{T_1}과 온도 T_1과 T_2 사이에 적용해서 사용할 수 있는 열용량 C_p값을 안다면 특정 온도 T_2에서의 엔트로피 값 S_{T_2}을 구할 수 있다.

특히 $T_1 = 298K$일 때 식 (2.5)는 다음과 같이 쓸 수 있다.

$$S_{T_2} = S_{298} + \int_{298}^{T_2} \frac{C_p}{T} dT \qquad \cdots (2.6)$$

뿐만 아니라 이 한 재료가 표준상태에 있다면 식 (2.5)는

$$S_{T_2}^0 = S_{T_1}^0 + \int_{T_1}^{T_2} \frac{C_p}{T} dT \qquad \cdots (2.7)$$

와 같이 쓸 수 있다.

다만 우리가 열처리하고자 하는 온도 T_2와 열역학 정보를 이미 알고 있는 T_1 사이의 온도 T' ($T_1 < T' < T_2$)에서 융해(melting), 기화(vaporization) 혹은 승화(Sublimation)와 같은 상변태가 일어난 경우 열처리를 원하는 온도 T_2에서의 엔트로피 S_{T_2} 값을 구할 때 상변태가 일어나는 구간에 대한 잠열(latent heat)을 수식에 보정해주어야 한다. 즉
위 식에다가 잠열을 추가하여 계산하면 된다. 따라서

$$S_{T_2}^0 = S_{T_1}^0 + \int_{T_1}^{T'} \frac{C_p'}{T} dT + \frac{H_t}{T'} + \int_{T'}^{T_2} \frac{C_p''}{T} dT \qquad \cdots (2.8)$$

여기서 C_p'와 C_p''는 각각 상변태 전후 물질의 열용량을 의미하고, H_t는 상변태시 엔탈피 변화 값인 잠열을 의미한다. 만약 이때 하나 이상의 상변태가 발생할 경우 반드시 모든 부분의 엔탈피 변화 값 즉, 잠열을 넣어서 계산해 주어야 한다.

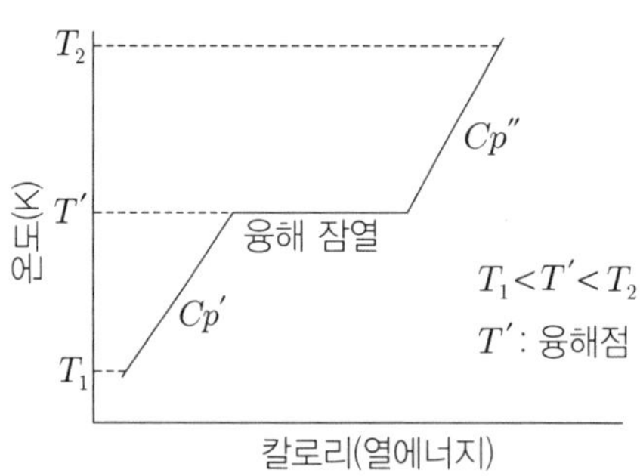

그림 2.3. 한 물질이 고체 상태에서 액체상태로 상변태시 온도에 따른 칼로리 변화

2. 특정 온도에서 반응물과 생성물을 포함하는 다 물질인 화학반응에서 엔트로피 변화 값 구하기

표준상태에서 있는 반응물과 생성물을 갖는 화학반응의 경우, 식 (2.7)을 엔트로피 변화량으로 확장하여 사용할 수 있다.

$$\Delta S^0_{T_2} - \Delta S^0_{T_1} = \int_{T_1}^{T_2} \frac{\Delta C_p}{T} dT$$

라 쓸 수 있고 결국

$$\Delta S^0_{T_2} = \Delta S^0_{T_1} + \int_{T_1}^{T_2} \frac{\Delta C_p}{T} dT \qquad \cdots (2.9)$$

표현되며 이때 변화량 Δ은 [(생성물이 갖는 엔트로피 혹은 열용량(heat capacity) 값의 합)에서 (반응물이 갖는 엔트로피 혹은 열용량 값의 합)]을 뺀 값이라고 하였다.

이 식 (2.9)를 이용해 온도 T_1에서의 엔트로피 변화 ΔS_{T_1} 값과 열용량 변화(heat capacity change) 값을 안다면 열처리를 원하는 온도 T_2에서의 엔트로피 변화 ΔS_{T_2} 값을 구할 수 있어 이 값으로부터 화학반응이 일어날지 안 일어날지에 대한 화학반응 정보를 알아낼 수 있다.

2.6 엔트로피에 기반을 둔 자발성의 기준 (Criterion of Spontaneity Based on Entropy)

엔트로피 개념을 도구로 사용 시 화학반응의 정보 즉 화학반응이 일어날지 아니면 안 일어날지에 대한 기준에 대해 알아보자. 초기 상태를 A, 최종 상태를 B라 하는 화학반응에서 계(system)와 주위(surrounding)의 총 엔트로피 변화 값(ΔS_{tot})은 최종상태 B의 엔트로피 총합($S_{B,\ tot}$)에서 초기상태 A의 엔트로피 총합($S_{A,\ tot}$)을 뺀 것으로

$$\Delta S_{tot} = S_{B,\ tot} - S_{A,\ tot}$$

라고 쓸 수 있다.

일정한 내부 에너지와 일정 부피하 또는 일정한 엔탈피와 일정 압력하라는 제한된 조건하에서 다음 같은 기준으로 계의 자발적 반응을 평가하는 데 사용될 수 있다.

1. $\Delta S_{tot} = 0$: 시스템은 평형 상태이며 자발적인 반응이 일어나지 않는다.
2. $\Delta S_{tot} > 0$: 생성물의 엔트로피가 반응물의 엔트로피보다 더 커서 (즉 무질서도가 높아지고, 에너지가 낮아지게 되므로) 자발적으로 발생하는 반응을 말하며 반응이 A → B로 정반응이 자발적으로 일어난다.
3. $\Delta S_{tot} < 0$: 생성물의 엔트로피가 반응물의 엔트로피보다 더 작아 반응이 A → B로 정반응이 자발적으로 절대 생기지 않는다는 것을 의미하며, 오히려 반응이 B → A로 역반응이 자발적으로 일어난다.

이때 엔트로피 값을 계산하기 위해선 계와 주위 모두의 변화량을 계산해 주어야 하지만 주위에서 엔트로피 계산이 다소 복잡하고 나중에는 화학반응의 정보를 계에서만 계산해도 알 수 있는 자유 에너지라는 도구로 계산하여 사용할 것이기 때문에 이 책에선 계에서 엔트로피 계산만을 간단히 살펴볼 것이다.

문 제 2.B

1기압하에서 고체 마그네슘의 열용량은 다음과 같이 주어진다. 이때 고체 마그네슘의 열용량값을 적용하는 온도 범위는 0℃(273K)에서 560℃(833K)까지이다.

$$C_{p,<Mg>} = 6.20 + 1.33 \times 10^{-3} T + 6.78 \times 10^{4} T^{-2}\, cal/\deg/mole$$

온도가 27℃(300K)에서 527℃(800K)로 상승할 때, 1몰당 엔트로피의 변화량을 구하라.

풀 이 식 (2.4)로부터

$$\begin{aligned} & S^0_{800} - S^0_{300} \\ &= \int_{300}^{800} \frac{6.20 + 1.33 \times 10^{-3} T + 6.78 \times 10^{4} T^{-2}}{T} dT \\ &= 6.20 \ln\left(\frac{800}{300}\right) + 1.33 \times 10^{-3}(800 - 300) - \frac{6.78}{2} \times 10^{4}\left(\frac{1}{800^2} - \frac{1}{300^2}\right) \\ &= 7.07\, cal/\deg/mole \end{aligned}$$

■

문제 2.C

727℃(1000K) 1기압하에서 다음 반응의 표준 엔트로피 변화량을 계산하라.

$$2Al + \frac{3}{2}O_2 = Al_2O_3$$

$\Delta S^0_{298} = -74.87\,cal/\deg/mole$

Al의 녹는점 $= 659\,^\circ C(932K)$

Al의 용해열 $= 2500\,cal/mole$

$C_{p,<Al_2O_3>} = 25.14\,cal/\deg/mole$

$C_{p,(O_2)} = 7.57\,cal/\deg/mole$

$C_{p,<Al>} = 6.76\,cal/\deg/mole$

$C_{p,\{Al\}} = 7.00\,cal/\deg/mole$

풀이 구하려는 온도 범위에 상변태가 일어남을 주의하며 식을 정리한다.

$$2\{Al\} + \frac{3}{2}(O_2) = <Al_2O_3> \quad \cdots (2.C.1)$$

$$2<Al> + \frac{3}{2}(O_2) = <Al_2O_3> \quad \cdots (2.C.2)$$

$$<Al> = \{Al\} \quad \cdots (2.C.3)$$

식 (2.C.1)은 식 (2.C.2)과 식 (2.C.3)을 이용하여 얻을 수 있다. 식 (2.8)과 (2.9)를 이용해 정리하면 총 계산식은 다음과 같다.

$$\Delta S^0_{1000} = \Delta S^0_{298} + \int_{298}^{932} \frac{C_{p,<Al_2O_3>} - \frac{3}{2}C_{p,(O_2)} - 2C_{p,<Al>}}{T} dT + \left(-\frac{2\times 2500}{932}\right)$$

$$+ \int_{932}^{1000} \frac{C_{p,<Al_2O_3>} - \frac{3}{2}C_{p,(O_2)} - 2C_{p,\{Al\}}}{T} dT$$

$$= -74.87 + 0.265\ln\left(\frac{932}{298}\right) - 5.365 - 0.215\ln\left(\frac{1000}{932}\right)$$

$$= -79.95\,cal/\deg$$

■

2.7 열역학 제1, 2법칙을 결합하여 내부 에너지를 상태함수로 표시하기(Representing Internal Energy with State Function)

열역학에서 배운 내부 에너지 개념은 어렴풋이 이해하나 이 내부 에너지의 변화값을 우리가 실제로 정확하게 측정하기 어렵다. 따라서 어떻게 하면 제한된 조건하에서 우리가 알고 있는 과학적 파라미터로 내부 에너지를 측정하고 이해할 것인가가 이 절의 목적이다.

① 계에만 적용 이해하는 열역학 제1법칙에서 내부 에너지 변화 dU값은 계가 외부로 받은 열(heat)과 이 열을 받고 외부로 해준 일(work)의 차이 값이라고 하였다. 따라서 열역학 제1법칙을 수학적으로 표현하면

$$dU = \delta q - \delta w \quad \cdots (2.7.1)$$

② 계와 주위 개념을 모두 적용 이해하는 열역학 제2법칙에 의해 엔트로피는 다음과 같이 쓸 수 있다고 하였다. 따라서 엔트로피 값은 계와 주위에 모두 적용된다.

$$dS = \frac{\delta q}{T}$$

즉

$$\delta q = TdS \quad \cdots (2.7.2)$$

③ 이때 열, 일과 같은 에너지는 주위와 교환하지만 물질(mass)은 교환하지 않는 닫힌 계(closed system)에서 화학반응이 일어나고 계가 한 일은 모두 계의 부피 변화에 의해서만 생긴다고 가정하면

$$\delta W = PdV \quad \cdots (2.7.3)$$

라 쓸 수 있고, 식 (2.7.2)과 (2.7.3)를 (2.7.1)에 대입하면 닫힌 단순계(closed simple system)의 경우 아래와 같은 식을 얻을 수 있다.

$$dU = TdS - PdV \quad \cdots (2.7.4)$$

내부 에너지를 상태함수로 표현하는 것의 의미는 내부 에너지에 변화가 생겼을 때 그것을 우리가 알고 있는 과학적 도구로 설명을 하기 위함이다. 또한, 종속변수는 U이고 독립변수 S, V의 함수라 할 때 식 (2.7.4)를 완전 미분 방정식으로 표현해보면 다음과 같다.

$$U = U(S, V)$$
$$dU = \left(\frac{\partial U}{\partial S}\right)_v dS + \left(\frac{\partial U}{\partial V}\right)_s dV = TdS - pdV$$
$$\therefore T = \left(\frac{\partial U}{\partial S}\right)_v, \ p = \left(\frac{\partial U}{\partial V}\right)_s$$

예를 들어 엔트로피를 변화시켰는데 내부 에너지가 얼마나 변했는지 알고자 할 때 내부 에너지가 얼마나 변했는지 알지 못하므로 이 값을 계산하기가 쉽지 않다. **위 식을 이용하면 부피가 일정할 때 엔트로피 변화에 따른 내부 에너지 변화 값은 온도이라는 도구를 이용해 이해할 수 있고, 엔트로피가 일정할 땐 부피 변화에 따른 내부 에너지 변화를 압력이라는 도구를 통해 이해할 수 있게 된다.**

재료공학의 목적은 물건을 만들 때 재현성 있게 만들 수 있어야 한다. 즉, 언제나 같은 실험 결과를 얻는 것이 목표이다. 어떤 날은 실험이 잘 되고 어떤 날은 실험이 잘 안 되었을 때 압력, 온도, 조성 중 어떤 것이 문제였는지를 알 수 있어야 한다. 측정하기 어려운 내부 에너지의 변화를 상태함수로 나타냄으로써 우리가 알고 있는 과학적 도구로 측정을 해 무질서도 변화에 따른 내부 에너지 변화나 부피 변화에 따른 내부 에너지의 변화를 우리가 잘 알고 있는 온도와 압력이라는 개념으로 바꾸어 이해하면 훨씬 편리하기 때문이다.

2.8 자유 에너지(Free Energy)

우리는 엔탈피의 문제를 해결하기 위해 엔트로피라는 도구를 찾아냈었다. 그러나 엔트로피는 매번 계와 주위의 엔트로피 값을 계산해야 하므로 복잡한 계산과정을 거쳐야 한다. 이 문제를 해결하기 위해 나온 도구가 자유 에너지 개념이다. 이 자유 에너지 개념은 계만 따져주는 엔탈피 항과 계와 주위 모두를 고려해야 하는 엔트로피 항을 결합(combination)하여 새로운 열역학 도구를 만들어 제시하였다. 따라서 이 자유 에너지라는 열역학적 도구는 계(system)만 계산을 해주어도 완벽하게 화학반응이 일어날 것인지 안 일어날 것인지 기준을 제시해줄 수 있게 되었고, 결국 지금은 모든 자연현상을 에너지의 눈으로 보는 시대가 되었다.

자유에너지의 종류에는 지구 환경처럼 일정 압력과 일정 온도하에서 사용하는 자유 에너지와 우주와 같이 압력이 일정하지 않는 환경에서 일정 부피와 일정한 온도하에서 사용하는 자유 에너지 이렇게 두 종류가 있다. 전자를 우린 **깁스 자유 에너지(Gibbs free energy)**라 하고, 후자를 헬름홀츠 자유 에너지(Helmholtz free energy)라 한다. 단 이들 자유 에너지를 취급하는 계는 열(heat)과 일(work)은 주위와 교환 가능하지만 물질(mass)은 교환하지 않는 닫힌 계(closed system)로 한정되어 있다고 가정한다.

앞서 자유 에너지 개념은 엔탈피 개념과 엔트로피 개념을 결합하여 새로운 열역학 도구로 제시되었다고 하였으므로 깁스 자유 에너지를 G, 헬름홀츠 자유 에너지를 A라 할 때 아래와 같이 정의할 수 있다.

$$G = H - TS \quad \text{(일정한 압력과 일정한 온도하)} \qquad \cdots (2.10)$$

$$A = U - TS \quad \text{(일정한 부피와 일정한 온도하)} \qquad \cdots (2.11)$$

따라서 자유 에너지 개념을 화학반응으로 확장한 깁스 자유 에너지 변화 값도 위 식을 변형해서 쓸 수 있다. 변화 값(Δ)은 언제나 생성물의 자유 에너지 값의 합에서 반응물의 자유 에너지 값의 합을 뺀 것을 말한다.

주어진 화학반응식이 아래와 같을 때

$$aA + bB \rightarrow cC$$

화학반응에서의 깁스 자유 에너지 변화 값 ΔG는

$$\begin{aligned} \Delta G &= \sum G_{product} - \sum G_{reactant} \\ &= \left(\sum H_{product} - T\sum S_{product} \right) - \left(\sum H_{reactant} - T\sum S_{reactant} \right) \\ &= \left(\sum H_{product} - \sum H_{reactant} \right) - T\left(\sum S_{product} - \sum S_{reactant} \right) \end{aligned}$$

따라서

$$\Delta G = \Delta H - T\Delta S \qquad \cdots (2.12)$$

라 쓸 수 있다.

온도 T에서의 식 (2.12)을 화학반응에 적용하여 나타내 보면

$$\Delta G_T = \Delta H_T - T\Delta S_T$$

여기서 ΔH_T는 온도 T에서의 엔탈피 변화 값이고 ΔS_T는 온도 T에서의 엔트로피 변화 값을 나타낸 것이다.

유사하게 일정한 부피와 일정한 온도하에서 사용하는 헬름홀츠 자유 에너지 변화(Helmholtz free energy change) 값도 깁스 자유 에너지 변화(Gibbs free energy change) 값과 유사하게 아래와 같이 표현할 수 있다.

$$\Delta A = \Delta U - T\Delta S \qquad \cdots (2.13)$$

2.9 ‖ 자유 에너지를 이용한 자발적 반응의 기준 (Criterion of Spontaneity Based on Free Energy)

다음과 같은 일반 화학반응식이 주어졌다고 가정하면

$$aA \;+\; bB \rightarrow cC$$

먼저 일정한 부피와 일정한 온도하에 일어나는 화학반응에 대해 헬름홀츠 자유 에너지 변화 값을 가지고 화학반응이 일어나는지 일어나지 않을지에 대한 기준은 아래와 같다.

1. $\Delta A = 0$: 시스템의 에너지 변화가 없으므로 평형 상태를 표시한다.
2. $\Delta A < 0$: 반응물의 에너지가 생성물의 에너지보다 더 커서 물이 높은 곳에서 낮은 곳으로 흐르듯 반응이 자발적으로 발생하는 반응을 말하며 이때 정반응이 생긴다.
3. $\Delta A > 0$: 반응물의 에너지가 생성물의 에너지보다 더 작아 오히려 역반응이 자발적으로 발생하는 반응을 말하며, 이때 정반응은 절대 일어나지 않는다.

여기서 변화 값(Δ)은 언제나 생성물의 자유 에너지 값의 합에서 반응물의 자유 에너지 값의 합을 뺀 것이라 하였다.

한편 일정 압력과 일정 온도하에서 일어나는 화학반응에 대해 깁스 자유 에너지 변화 값을 가지고 화학반응이 일어나는지 일어나지 않은지에 대한 기준은 아래와 같다.

1. $\Delta G = 0$: 시스템의 에너지 변화가 없으므로 평형 상태를 표시한다.
2. $\Delta G < 0$: 반응물의 에너지가 생성물의 에너지보다 더 커서 반응이 자발적으로 발생하는 반응을 말하며 이때 정반응이 생긴다.
3. $\Delta G > 0$: 반응물의 에너지가 생성물의 에너지보다 더 작아 오히려 역반응이 자발적으로 발생하는 반응을 말하며, 이때 정반응은 절대 일어나지 않는다.

앞의 개념들과 마찬가지로 자유 에너지 변화를 구하기 위해선 반드시 반응물과 생성물이 같은 표준 상태(standard state)에 있어야 한다. 같은 표준 상태에 있다면 ΔG도 ΔG^0라고 쓰고 이것을 **표준 깁스 자유 에너지 변화 값(standard Gibbs free energy change)이라 한다.** **이때 자유 에너지 변화 값은 계만 계산해서 사용하면 되며, 따라서 주위의 계산값은 포함될 필요가 없다.**

2.10 자유 에너지의 계산(Calculation of Free Energy Change)

그럼, 자유 에너지의 특성부터 살펴보도록 하자.

1. 일정 압력과 일정 온도하에서 화학반응이 일어날 것인지 아닌지를 결정하기 위해 자유 에너지 변화 값을 알아야 한다. 이 값이 0보다 작으면 정반응, 크면 역반응, 같으면 평형 상태를 나타낸다.
2. 반응물과 생성물의 사이 자유 에너지 변화 값을 구하기 위해서는 반드시 모든 물질들이 표준상태에 있어야 한다. 이때 반응의 자유 에너지 변화 ΔG를 표준 자유 에너지 변화(standard free energy change) ΔG^0라 한다.
3. 엔탈피와 마찬가지로 25℃, 1기압에서 안정한 형태의 원소의 자유 에너지 값은 0으로 한다. 물론 실제로 0인 것은 아니나 기준점으로 0을 삼는다.
4. 자유 에너지의 단위는 J/mole 또는 cal/mole이고 엔탈피와는 달리 표준 반응 자유 에너지(standard free energy of reaction)와 표준 화합물 형성 자유 에너지(standard free energy of formation of a compound) 개념만 적용해서 사용한다. 엔탈피에서 사용했던 연소반응이나 용해반응은 표준 반응 자유 에너지(standard free energy of reaction) 안에 속한 걸로 계산한다.

   예를 들어 25℃ 1기압하에서 고체 NiO의 표준 형성 자유 에너지가 -50786cal/mole이라 할 때 이 개념 안에는 구성원소로부터 1몰의 화합물을 형성할 때 출입되는 에너지이므로 화학반응식은

$$< Ni > + \frac{1}{2}(O_2) = < NiO >$$

라 쓸 수 있고

$$\Delta G^0_{298,\text{반응}} = G^0_{298,<NiO>} - G^0_{298,<Ni>} - \frac{1}{2}G^0_{298,(O_2)}$$

이때, 25℃, 1기압에서 원소들의 자유 에너지 값은 0이므로, 25℃에서 표준 반응 자유 에너지도 -50786cal/mole이다.

5. 자유 에너지도 에너지 개념이므로 상태함수이다. 즉 경로에 무관하게 초기 값과 최종 값만 알면 그 값을 결정할 수 있으며, 이 개념도 크기 성질(extensive property)이므로 몰 비에 의존한다.
6. 크기 성질이므로 화학 반응의 자유 에너지 변화 값들을 빼거나 더할 수 있다.

$$<NiO> \ = \ <Ni> \ + \frac{1}{2}(O_2) \qquad \cdots(2.14)$$

$$\Delta G^0_{298,(2.14)} = 50786cal$$

$$(H_2O) = (H_2) + \frac{1}{2}(O_2) \qquad \cdots(2.15)$$

$$\Delta G^0_{298,(2.15)} = 54996cal$$

두 반응 모두 $\Delta G^0 > 0$이므로 정반응이 발생하지 않는다. 그러나 식 (2.14)를 (2.15)에서 빼면 다음과 같은 식을 얻을 수 있다.

$$<NiO> \ + (H_2) = \ <Ni> \ + (H_2O) \qquad \cdots(2.16)$$

식 (2.16)의 자유 에너지 변화 값은 식 (2.14)의 자유 에너지 변화 값을 (2.15)의 자유 에너지 변화 값에서 뺌으로써 구할 수 있다.

$$\begin{aligned}\Delta G^0_{298,(2.16)} &= \Delta G^0_{298,(2.14)} - \Delta G^0_{298,(2.15)} \\ &= 50786 - 54996 \\ &= -4210\,cal/mol\end{aligned}$$

따라서 $\Delta G^0 < 0$이므로 25℃ 1기압하에서 NiO는 수소분위기에서 Ni로 환원된다.

7. 이러한 화학반응식들에서도 자유 에너지를 더하거나 빼기 위해서는 온도와 압력이 똑같은 조건인 표준상태에 있어야 한다.

문제 2.D

1기압일 때 임의의 온도에서 MnO가 탄소에 의해 환원되는 것이 열역학적으로 가능한지 예측하라.

$$2<C>+(O_2)=2(CO) \quad \cdots (2.D.1)$$

$$\Delta G^0_{(2.D.1)}=-53400-41.9\,T\,cal$$

$$2<Mn>+(O_2)=2<MnO> \quad \cdots (2.D.2)$$

$$\Delta G^0_{(2.D.2)}=-190800+39.25\,T\,cal$$

풀이 MnO와 C가 반응물로 존재하고 반응을 통해 환원되도록 화학식을 만들어야 한다. 식 (2.D.1)에서 식 (2.D.2)를 빼면

$$2<MnO>+2<C>=2<Mn>+2(CO) \quad \cdots (2.D.3)$$

$$\Delta G^0_{(2.D.3)}=\Delta G^0_{(2.D.1)}-\Delta G^0_{(2.D.2)}=137400-81.15\,T\,cal$$

환원이 일어나려면 $\Delta G^0<0$여야 하므로

$$137400-81.15\,T=0$$

$$T=1420℃$$

1420℃(1693K)보다 온도가 높아지면 MnO가 C에 의해 환원이 된다. ■

2.11 고온에서의 ΔG^0 계산하기 (Calculation of ΔG^0 at High Temperature)

일반적으로 재료와 관련된 일에 종사하는 사람들은 25℃(298K) 1기압하에서의 ΔG^0값보다는 실제적으로 열처리를 원하는 온도에서의 자유 에너지 변화 ΔG^0값에 관심이 있어 25℃보다 더 높은 고온에서의 화학반응에 대한 정보에 대해 알고 싶어 한다. 다시 말하면 실제 열처리를 하고자 하는 온도에서의 자유 에너지 변화 값을 계산하여 그 온도에서 화학반응이 일어날지 일어나지 않을지에 대해 알고 싶어 한다. 그러기 위해선 고온에서의 자유 에너지 변화 값을

구해야 하는데 우리는 이미 앞 장에서 열용량 값을 적분하여 높은 온도에서의 엔탈피 변화 값과 엔트로피 변화 값을 각각 구해 본 적이 있었다. 따라서 열처리하고자 하는 온도에서의 자유 에너지 변화 값은 25℃(298K)에서 ΔH^0_{298} 값과 ΔS^0_{298} 값과 더불어 298K에서부터 알고자 하는 온도까지의 엔탈피 변화 값과 엔트로피의 변화 값들을 합하여 구할 수 있다.

임의의 온도 T에서의 표준 자유에너지 변화 값 ΔG^0_T는 다음과 같다.

$$\Delta G^0_T = \Delta H^0_T - T\Delta S^0_T$$

이때 ΔH^0_T와 ΔS^0_T 값들은 화학반응 시 ΔH^0_{298}과 ΔS^0_{298}값과 ΔC_P값이 주어진다면 식 (1.19)와 식 (2.9)를 이용하여 구할 수 있다. 이것을 구체적으로 표현하면 25℃(298K)에서 ΔH^0_{298}값과 298K에서부터 알고자 하는 온도까지의 $\Delta C_P dT$ 값의 적분 값을 더한 후 25℃(298K)에서 ΔS^0_{298}값에 다가 298K에서부터 알고자 하는 온도까지의 $\Delta C_P dT/T$값을 적분한 값을 더한 값에 온도를 곱하여 뺀 값으로부터 구할 수 있다.

$$\Delta G^0_{T_2} = \left[\Delta H^0_{T_1} + \int_{T_1}^{T_2} \Delta C_p dT\right] - T\left[\Delta S^0_{298} + \int_{T_1}^{T_2} \frac{\Delta C_p}{T} dT\right] \quad \cdots (2.17)$$

주의

이 경우 역시 25도와 온도 T, 두 온도 사이에서 ~~용융~~(melting), 승화(sublimation), 기화(vaporization)이나 동소 변태(allotropic modification) 등과 같은 상변태가 일어난다면 식 (2.17)에 상변태시 잠열을 첨가하여 보정해서 계산해주어야 한다.

우리는 고온에서의 엔탈피 변화 값과 엔트로피의 변화 값을 구할 때 중간온도에서 상변태가 일어날 때의 계산을 이미 연습했음을 망각해서는 안 된다.

문제 2.E

527℃(800K) 1기압하에서 다음 반응의 자유 에너지 변화 값을 구하라.

$$\{Pb\} + \frac{1}{2}(O_2) = <PbO>$$

$$\Delta H^0_{298,<PbO>} = -52400\,cal/mole$$

$$S^0_{298,<PbO>} = 16.20\,cal/\deg/mole$$

$$S^0_{298,<Pb>} = 15.50\,cal/\deg/mole$$

$$S^0_{298,(O_2)} = 49.02\,cal/\deg/mole$$

$$C_{p,<PbO>} = 10.60 + 4.0\times 10^{-3}\,T cal/\deg/mole$$

$$C_{p,<Pb>} = 5.63 + 2.33\times 10^{-3}\,T cal/\deg/mole$$

$$C_{p,\{Pb\}} = 7.75 - 0.74\times 10^{-3}\,T cal/\deg/mole$$

$$C_{p,(O_2)} = 7.16 + 1.0\times 10^{-3}\,T - 0.4\times 10^5\,T^{-2}\,cal/\deg/mol$$

$$Pb, T_m = 327℃\ (600K)$$

$$L_f, <Pb> = \{Pb\} = 1150 cal/mole$$

풀 이

327℃(600K)부터 527℃(800K)까지는 반응 (2.E.1)의 자유 에너지 변화 값을 계산하고

$$\{Pb\} + \frac{1}{2}(O_2) = <PbO> \qquad \cdots (2.E.1)$$

25℃(298K)부터 327℃(600K)까지는 반응 (2.E.2)의 자유 에너지 변화 값을 구해서 서로 더한다.

$$<Pb> + \frac{1}{2}(O_2) = <PbO> \qquad \cdots (2.E.2)$$

(1) $\Delta H^0_{800,(2.E.1)}$을 $\Delta H^0_{298,(2.E.2)}$과 $\Delta C_{P,(2.E.1)}$와 $\Delta C_{P,(2.E.2)}$로부터 계산한다.

(2) $\Delta S^0_{800,(2.E.1)}$을 $\Delta S^0_{298,(2.E.2)}$과 $\Delta C_{P,(2.E.1)}$와 $\Delta C_{P,(2.E.2)}$로부터 계산한다.

(3) $\Delta G^0_{800,(2.E.1)}$을 (1)과 (2)를 이용해 구한다.

$$\Delta H^0_{800,(2.E.1)} = \Delta H^0_{298,(2.E.2)} + \int_{298}^{600} \Delta C_{P,(2.E.2)}dT - L_f + \int_{600}^{800} \Delta C_{P,(2.E.1)}dT \qquad \cdots (2.E.3)$$

$$\Delta C_{p,(2.E.2)} = 1.39 + 1.17\times 10^{-3}\,T + 0.2\times 10^5\,T^{-2}\,cal/\deg$$

그리고 $\Delta C_{p,(2.E.1)} = -0.73 + 4.24 \times 10^{-3} T + 0.2 \times 10^5 T^{-2} cal/\deg$

값들을 식 (2.E.3)에 대입한다.

$$\begin{aligned}
\Delta H^0_{800,\,(2.E.1)} &= -52400 + \int_{298}^{600} 1.39 + 1.17 \times 10^{-3} T + 0.2 \times 10^5 T^{-2} dT \\
&\quad -1150 + \int_{600}^{800} -0.73 + 4.24 \times 10^{-3} T + 0.2 \times 10^5 T^{-2} dT \\
&= -52400 + 1.39(600 - 298) + \frac{1.17 \times 10^{-3}}{2}(600^2 - 298^2) \\
&\quad -0.2 \times 10^5 \left(\frac{1}{600} - \frac{1}{298}\right) - 1150 - 0.73(800 - 600) \\
&\quad + \frac{4.24 \times 10^{-3}}{2}(800^2 - 600^2) - 0.2 \times 10^5 \left(\frac{1}{800} - \frac{1}{600}\right) \\
&= -52482 cal
\end{aligned}$$

엔트로피 변화 값을 계산해준다.

$$\Delta S^0_{800,\,(2.E.1)} = \Delta S^0_{298,\,(2.E.2)} + \int_{298}^{600} \frac{\Delta C_{p,(2.E.2)}}{T} dT - \frac{L_f}{T_m} + \frac{\Delta C_{p,(2.E.1)}}{T} dT \quad \cdots (2.E.4)$$

$$\begin{aligned}
\Delta S^0_{298,(2.E.2)} &= 16.2 - 15.5 - \frac{1}{2}(49.02) \\
&= -23.81 \, cal/\deg
\end{aligned}$$

식 (2.E.4)에 값들을 대입한다.

$$\begin{aligned}
\Delta S^0_{800,(2.E.1)} &= -23.81 + \int_{298}^{600} 1.39 T^{-1} + 1.17 \times 10^{-3} + 0.2 \times 10^5 T^{-3} dT \\
&\quad \frac{-1150}{600} + \int_{600}^{800} -0.73 T^{-1} + 4.24 \times 10^{-3} + 0.2 \times 10^5 T^{-3} dT \\
&= -23.81 + 1.39(\ln 600 - \ln 298) + 1.17 \times 10^{-3}(600 - 298) \\
&\quad - \frac{0.2 \times 10^5}{2}\left(\frac{1}{600^2} - \frac{1}{298^2}\right) - \frac{1150}{600} \\
&\quad - 0.73(\ln 800 - \ln 600) + 4.24 \times 10^{-3}(800 - 600)
\end{aligned}$$

$$-\frac{0.2\times10^5}{2}\left(\frac{1}{800^2}-\frac{1}{600^2}\right)$$

$$= -23.67\,cal/\deg$$

따라서 $$\Delta G^0_{800,(2.E.1)} = -52482-800(-23.67)$$

$$= -33546\,cal$$

자유 에너지 변화 값을 보면 엔탈피가 많은 비중을 차지하는 것이 보인다. 그렇기 때문에 엔트로피를 발견하기 전에 엔탈피만을 이용해 계산을 해도 많은 경우에서 반응의 여부를 알아내는데 무리가 없었던 것이다. 그러나 엔트로피의 변화값이 커져서 엔탈피를 상쇄할 정도가 되면 백주석과 회주석의 사례처럼 정보가 다르게 나타나는 것이다. 또한 이 계산 값은 반응의 여부를 결정하는 기준이지 반응 속도를 결정하는 기준이 아니다. 527℃(800K)에서의 자유 에너지 변화 값이 25℃(298K)의 값보다 절대 값이 작다고 반응이 느리게 일어난다고 생각하면 절대 안 된다. ■

2.12 깁스 자유 에너지와 열역학 함수들 (Gibbs Free Energy & Thermodynamic Functions)

우리가 회사나 연구소에 가면 재료의 엔탈피 값을 측정하기 위해선 DTA라는 장비를 사용한다. 따라서 이 엔탈피 값의 측정은 비용이 드는 행위이다. 또한 측정도 단 한 번으로 끝나는 것도 아니고 여러 번 측정하여 통계치를 내고 평균값을 구해내는 힘든 과정을 거쳐야 한다. 그러나 비용을 들이지 않으면서 계산을 통해 쉽게 엔탈피 값을 구하는 방법도 있다. 그 방법은 다른 사람들이 측정해 놓은 자유 에너지 데이터를 이용하여 간단한 계산으로부터 역으로 엔탈피 값을 구할 수 있다. 오히려 이 방법의 큰 장점은 측정치보다 오차 없이 정확한 엔탈피 값을 구할 수 있게 해준다는 것이다. 열역학이란 직접 화학반응을 시켜 보지 않고 책상 위에서 간단한 계산을 통해 화학반응의 정보를 예측하는 학문이다. 뿐만 아니라 자유 에너지 데이터를 이용하여 간단한 계산으로부터 얻을 수 있는 또 다른 정보는 엔탈피 값 외에 엔트로피 값도 구할 수 있다. 그것은 자유 에너지 데이터를 가지고 열역학 함수들로부터 역으로 계산하여 엔트로피 값을 얻을 수 있다.

따라서 본 절에서는 자유 에너지로부터 역으로 기존에 화학반응의 정보를 제공했던 도구인 엔탈피와 엔트로피를 구하는 방법을 배워보고자 한다.

그럼 먼저 자유 에너지 데이터를 가지고 열역학 함수들로부터 역으로 엔트로피 값을 구하는 방법부터 알아보자.

자유 에너지 G는 엔탈피와 엔트로피를 결합하여 아래와 같이 쓸 수 있다고 하였다.

$$G = H - TS$$

그리고 열역학 제1법칙으로부터 엔탈피 H는 내부 에너지 U와 기계적 에너지인 PV의 합과 같다고 하였으므로 그 값을 위 식에 대입하면,

$$G = U + PV - TS$$

라 쓸 수 있다. 자유 에너지도 상태 함수(state function)이므로 상태함수의 특성인 완전미분이 가능하므로 완전미분을 해보면

$$dG = dU + PdV + VdP - TdS - SdT \qquad \cdots (2.18)$$

가 되고

$$dU = \delta q - PdV$$

이고, 가역과정이라면

$$\delta q = TdS$$

라 하였으니 이 값을 내부 에너지 dU값에 대입하면

$$dU = TdS - PdV \qquad \cdots (2.19)$$

식을 얻게 된다. 따라서 식 (2.19)를 식 (2.18)에 대입하여 정리하면 다음과 같은 식이 얻어진다.

$$dG = VdP - SdT \qquad \cdots (2.20)$$

따라서 압력이 일정할 때, 온도에 따른 자유 에너지 변화량으로부터 식 (2.20)은

$$\left(\frac{\partial G}{\partial T}\right)_p = -S \qquad \cdots (2.21)$$

이 되고 온도가 일정할 때, 압력에 따른 자유 에너지 변화량으로부터 식 (2.20)은

$$\left(\frac{\partial G}{\partial P}\right)_T = V \qquad \cdots (2.22)$$

가 된다.

이 사실을 열과 일은 교환하지만 질량은 교환하지 않는 닫힌 계에서 위에서 얻은 사실을 생성물과 반응물이 포함하는 화학반응으로 확장해보면(위 식의 값 중에 자유 에너지(free energy)와 엔트로피(entropy), 부피(volume) 등을 변화량 형태로 바꾸어 표현하면 된다.)

$$\left(\frac{\partial \Delta G}{\partial T}\right)_p = -\Delta S \qquad \cdots (2.23)$$

그리고

$$\left(\frac{\partial \Delta G}{\partial P}\right)_T = \Delta V \qquad \cdots (2.24)$$

로 쓸 수 있고 생성물과 반응물이 모두 표준상태에 있다고 하면

$$\left(\frac{\partial \Delta G^0}{\partial T}\right)_p = -\Delta S^0 \qquad \cdots (2.25)$$

이와 같이 쓸 수 있다. 보통 우리가 지구상에서 실험을 행하는 조건은 1기압으로 압력이 고정되어 있는 상태이므로 압력이 일정할 때 온도에 따른 표준 자유 에너지 변화 값 ΔG^0의 그래프를 그리고 그 그래프의 기울기 값 $\left(\frac{\partial \Delta G^0}{\partial T}\right)_p$ 로부터 엔트로피 변화 값을 구할 수 있다. 따라서 온도에 따른 표준 자유 에너지 변화 값의 기울기 값은 엔트로피 변화 값의 절대 값과 같다.

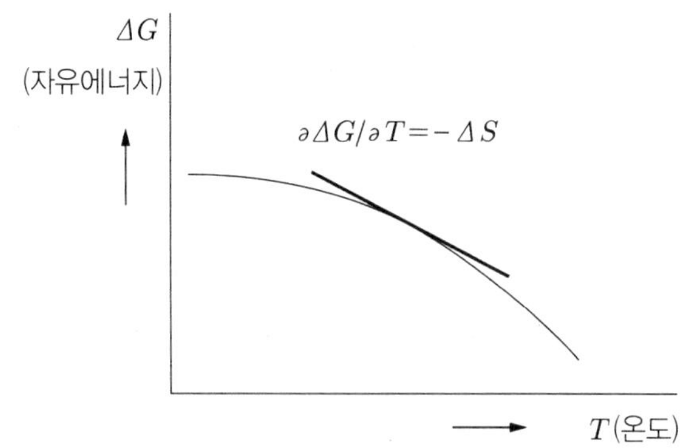

그림 2.4. ΔG와 T로 그래프로부터 ΔS값 구하기

2.13 깁스-헬름홀츠 방정식(Gibbs-Helmholtz Equation)

요번에는 다른 사람들이 측정해놓은 자유 에너지 데이터를 이용하여 계산으로부터 역으로 엔탈피 값을 구해보도록 하자. 여기서도 온도와 압력이 일정할 때 출발은 자유에너지 변화량 ΔG는 엔탈피 변화량 ΔH와 엔트로피 변화량 ΔS을 결합하여

$$\Delta G = \Delta H - T\Delta S$$

을 이용하여 얻을 수 있다.

위 식의 $-\Delta S$ 대신에 식 (2.23)에서 열역학적 함수(thermodynamic function)으로부터 구한 $\left(\frac{\partial \Delta G^0}{\partial T}\right)_p$ 값을 대입한다. 그러면

$$\Delta G = \Delta H + T\left(\frac{\partial \Delta G}{\partial T}\right)_p \qquad \cdots (2.26)$$

라 쓸 수 있다. 양변에 온도 T로 나누어 주면 $\Delta G/T = \Delta H/T + \left(\frac{\partial \Delta G^0}{\partial T}\right)_p$ 식이 되고, 이 식에서 $\left(\frac{\partial \Delta G^0}{\partial T}\right)_p$ 값은 상수이므로 온도로 양변을 미분하면

$$\left[\frac{\partial(\Delta G/T)}{\partial T}\right]_p = -\frac{\Delta H}{T^2} \qquad \cdots (2.27)$$

라는 관계식을 얻을 수 있다. 또한 이 방정식은 아래와 같이

$$\left[\frac{\partial(\Delta G/T)}{\partial(1/T)}\right]_p = \Delta H \qquad \cdots (2.28)$$

라 쓸 수 있고, 이 방정식을 우리는 깁스-헬름홀츠 방정식(Gibbs-Helmholtz equation)이라 한다.

결론적으로 말하면 열역학적 함수(thermodynamic functions)와 깁스-헬름홀츠 방정식을 이용하게 되면 ΔG 값으로부터 역으로 ΔS와 ΔH 값을 구할 수 있다.

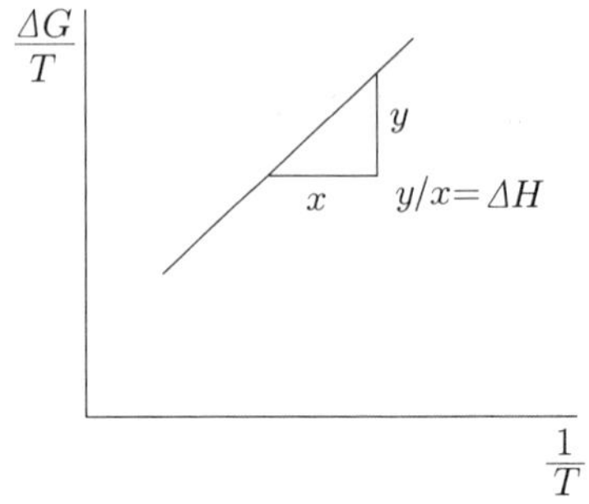

그림 2.5. $\frac{1}{T}$와 $\frac{\Delta G}{T}$ 그래프로부터 ΔH 값 구하기(Gibbs – Helmholtz Equation 이용)

마찬가지로 깁스-헬름홀츠 방정식으로부터 얻은 결과를 생성물과 반응물 모두 표준상태에 있다고 확장하면

$$\Delta G^0 = \Delta H^0 + T\left(\frac{\partial \Delta G^0}{\partial T}\right)_p \quad \cdots (2.29)$$

$$\left[\frac{\partial(\Delta G^0/T)}{\partial T}\right]_p = -\frac{\Delta H^0}{T^2} \quad \cdots (2.30)$$

라 쓸 수 있다. 따라서 $\Delta G^0/T$ 와 $\frac{1}{T}$의 그래프를 그리고 그 곡선의 기울기로부터 ΔH^0 값을 구할 수 있다.

문제 2.F

다음 반응의 표준 엔탈피 변화와 엔트로피 변화 값을 구하라.

$$2 < Al > + \frac{3}{2}(O_2) = < Al_2O_3 >$$

$$\Delta G^0 = 28530 + 14.06\, T \log T - 70.43\, T cal$$

풀 이 $\log = 0.4343 \ln T$를 이용해 식을 바꾸어준다.

$$\begin{aligned} \Delta G^0 &= 28530 + 14.06 \times 0.4343\, T \ln T - 70.43\, T \\ &= 28530 + 6.106\, T \ln T - 70.43\, T \end{aligned} \quad \cdots (2.F.1)$$

즉 $$\frac{\Delta G^0}{T} = \frac{28530}{T} + 6.106\,T\ln T - 70.43$$

위 식을 온도로 미분한다.

$$\frac{\partial(\Delta G^0/T)}{\partial T} = -\frac{28530}{T^2} + \frac{6.106}{T}$$

식 (2.30)으로부터

$$-\frac{\Delta H^0}{T^2} = -\frac{28530}{T^2} + \frac{6.106}{T}$$

즉 $$\Delta H^0 = 28530 - 6.106\,T$$

따라서 엔탈피 변화 값은 25℃(298K)에서 다음과 같다.

$$\begin{aligned}\Delta H^0_{298} &= 28530 - 6.106 \times 298 \\ &= 26710cal\end{aligned}$$

식 (2.F.1)을 온도로 미분한다.

$$\begin{aligned}\frac{\partial \Delta G^0}{\partial T} &= 6.106 + 6.106\ln T - 70.43 \\ &= -64.324 + 6.106\ln T\end{aligned}$$

식 (2.25)로부터 엔트로피 변화 값을 구할 수 있다.

$$\Delta S^0 = 64.324 - 6.106\ln T$$

따라서 25℃(298K)에서 엔트로피 변화 값은 다음과 같다.

$$\begin{aligned}\Delta S^0_{298} &= 64.324 - 6.106\ln 298 \\ &= 29.538\,cal/\deg\end{aligned}$$

이때 ΔG의 식이 온도의 함수로 주어지는 경우는 온도 범위가 있음에 주의해야 한다. 화학반응의 방향을 알기 위해서 자유 에너지만 알면 되지만 엔탈피와 엔트로피가 필요한 경우도 여전히 존재한다. 따라서 열역학적 함수와 깁스-헬름홀츠 방정식을 통해 역으로 ΔH와 ΔS값을 구하는 방법도 알고 있어야 한다. ■

2장 연습문제

1. 열역학 제2법칙에 대해 기술하라.

2. 열역학 제1법칙의 한계는 무엇인가?

3. 카르노 사이클을 설명하라.

4. 효율과 엔트로피를 정의하라.

5. 비가역 과정이란?

6. 엔트로피 값을 표시할 때 주의사항 2가지를 기술하라.

7. 표준상태에 있는 반응물과 생성물들이 포함된 화학반응의 경우 T_1에서 T_2로 온도가 변할 때 엔트로피 값의 변화 ΔS_{T_2}을 구하기 위한 식은 무엇인가?

8. 초기 A 상태에서 최종 B 상태로 변하는 화학반응에서 이 두 상태가 표준상태에 있다면 총 엔트로피 변화 값으로 반응유무를 알아내는 자발성의 기준을 정의하라.

9 열역학 제1법칙과 제2법칙을 수식적으로 표시하라. 그리고 내부 에너지를 상태함수로 표시하고 그 물리적 의미를 기술하라.

10 깁스 자유 에너지에서 반응 정보에 대한 조건을 기술하라.

11 열역학 함수를 이용하여 일정한 압력하에서 깁스 자유 에너지 변화로부터 엔트로피 변화 값을 어떻게 구하는가?

12 자유 에너지의 종류와 조건을 써라.

13 깁스-헬름홀츠 방정식은 무엇이며, 그 물리적 의미는 어떤 것인가?

14 회주석에서 백주석으로의 가역 반응이 13℃(286K), 1기압하에서 일어난다. 그리고 이때의 반응열은 500$cal/mole$이다. 엔트로피 변화를 계산하라.

15 단열된 계에 동일한 구리 잉곳이 2개 있다. 각각의 온도는 500℃(773K)와 300℃(573K)이다. 2개의 구리 잉곳을 붙여 놓으면 열은 400℃(673K)로 두 잉곳의 온도가 같아질 때까지 높은 곳에서 낮은 곳으로 흐른다. 이 과정에서 발생하는 총 엔트로피 변화량을 계산하라. 또한 이 반응이 자발적인지 아닌지 밝혀라.

$$C_{p,<Cu>} = 5.41 + 1.50 \times 10^{-3}\, T cal/\deg/mole$$

16 주어진 정보를 이용해 1073℃(1346K) 1기압하에서의 고체 구리의 표준 엔트로피를 구하라.

$$S^0_{300,<Cu>} = 8.0\, cal/\deg/mol$$

$$C_{p,<Cu>} = 5.41 + 1.50 \times 10^{-3}\, T cal/\deg/mol$$

17 750℃(1023K) 1기압하에서 아연의 표준 엔트로피를 계산하여라. 아연은 420℃ (693K)에서 녹고 25℃(298K) 1기압하에서 엔트로피는 9.95$cal/\deg/mol$이다.

아연의 융해열 $\Delta H_f = 1740\,kcal/mol$

$$C_{p,\,<Zn>} = 5.35 + 2.40 \times 10^{-3}\,T cal/\deg/mol$$

$$C_{p,\,\{Zn\}} = 7.50\,cal/\deg/mol$$

18 다음 금속 황화물과 금속 산화물의 산화 반응에서 1기압, 1000℃(1273K)에서 환원이 일어날 수 있는 반응은 어느 것인가?

$$Cu_2S + 2Cu_2O = 6Cu + SO_2$$

$$\Delta G^0 = 28530 + 14.06\,T\log T - 70.43\,T\,cal$$

$$PbS + 2PbO = 3Pb + SO_2$$

$$\Delta G^0 = 98440 + 16.1\,T\log T - 121.14\,T\,cal$$

$$Ni_3S_2 + 4NiO = 7Ni + 2SO_2$$

$$\Delta G^0 = 139800 - 98.59\,T\,cal$$

19 727℃(1000K), 1기압하에서 다음 반응의 표준 반응 자유 에너지 변화 값을 구하라.

$$<MoO_3> + 3(H_2) = <Mo> + 3(H_2O)$$

다음은 727℃(1000K), 1기압하에서의 정보이다.

$$\Delta G^0_{1000,<MoO_3>} = -120000\,cal/mol$$

$$\Delta G^0_{1000,(H_2O)} = -45500\,cal/mol$$

또한, 727℃(1000K), 1기압하에서 MoO_3가 H_2에 의해 환원이 일어나는지 적어라.

20 727℃(1000K) 1기압하에서 수소에 의해 몰리브덴 산화물과 크롬 산화물이 환원되는 반응의 1몰당 표준 자유 에너지 변화량을 계산하라. 또한 반응이 자발적으로 일어날 수 있는지 예측하라.

$$\Delta G^0_{1000,<Cr_2O_3>} = -205.5\,kcal/mole$$

$$\Delta G^0_{1000,<MoO_3>} = -120.0\,kcal/mole$$

$$\Delta G^0_{1000,(H_2O)} = -45.5\,kcal/mole$$

21 주어진 정보를 이용해 327℃(600K) 1기압하에서 다음 반응의 자유 에너지 변화 값을 구하라.

$$<Ni> + \frac{1}{2}(O_2) = <NiO>$$

$$\Delta H^0_{298,<Ni>} = -57500\,cal/mol$$

$$S^0_{298,<Ni>} = 7.12\,cal/\deg/mol$$

$$S^0_{298,(O_2)} = 49.02\,cal/\deg/mol$$

$$S^0_{298,<NiO>} = 9.10\,cal/\deg/mol$$

$$C_{p,<Ni>} = 6.03 + 10.44\times10^{-6}T^2 - 2.5\times10^{-3}T\,cal/\deg/mol$$

$$C_{p,(O_2)} = 7.16 + 1.0\times10^{-3}T - 0.4\times10^5T^{-2}\,cal/\deg/mol$$

$$C_{p,<NiO>} = 12.91\,cal/\deg/mol$$

22 주어진 정보를 이용해 227℃(500K) 1기압하에서 다음 반응의 표준 자유 에너지 변화 값을 계산하라.

$$<Zn> + \frac{1}{2}(O_2) = <ZnO>$$

$$\Delta H^0_{298,<ZnO>} = -57.5\,kcal/mole$$

$$S^0_{298,<ZnO>} = 10.10\,cal/\deg/mole$$

$$S^0_{298,<Zn>} = 8.50\,cal/\deg/mole$$

$$S^0_{298,(O_2)} = 49.02\,cal/\deg/mole$$

$$C_{p,<ZnO>} = 9.5 + 2.0 \times 10^{-3}\,T cal/\deg/mole$$

$$C_{p,<Zn>} = 3.5 + 1.0 \times 10^{-3}\,T cal/\deg/mole$$

$$C_{p,(O_2)} = 7.16 + 1.0 \times 10^{-3}\,T - 0.4 \times 10^5\,T^{-2}\,cal/\deg/mole$$

23 다음 반응의 표준 엔탈피 변화와 열용량 변화 값을 구하라.

$$< Ti > + 2(Cl_2) = (TiCl_4)$$

$$\Delta G^0 = -173600 - 3.4\,T\log T + 39.5\,T cal$$

24 25℃(298K) 1기압하에서 다음 반응의 표준 엔탈피와 엔트로피의 변화 값을 구하라.

$$2 < Cu > + \frac{1}{2}(O_2) = < CuO >$$

$$\Delta G^0 = -40500 - 3.92\,T\log T + 29.5\,T cal$$

3 열역학 제3법칙

The Third Law of Thermodynamics

3.1 법칙의 정의(Statement of the Law)

앞에서 25℃, 1기압하에서 원소의 엔탈피와 자유 에너지는 0이었지만 엔트로피 값은 0이 아니었다. 고체에 엔트로피(무질서도)에 영향을 주는 요소는 고체물리 시간에서도 배웠지만 전기저항을 일으키는 원인 2가지와 같다. 그것은 온도와 불순물이다. 따라서 **열역학 제3법칙은 "절대온도가 $0K$이면서 원소 내에 불순물이 존재하지 않는 완전무결한 결정의 엔트로피 값은 0이다." 라고 정의할 수 있다.** 왜냐하면 절대온도 $0K$이면서 완전무결한 원소는 그 안의 무질서도를 주는 원인인 온도와 불순물이 없는 상태이기 때문이다. 따라서 열역학 제3법칙을 일반화하여 기술해 보면 **"절대온도 $0K$에서 열역학적 평형 상태에 있는 계의 엔트로피 값은 0이다."**라고 쓸 수 있다.

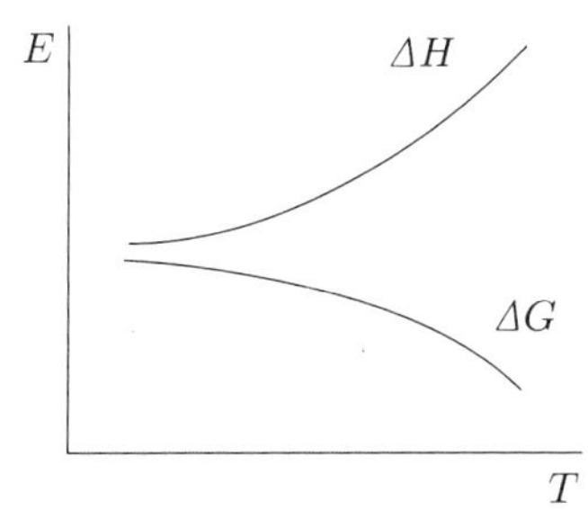

그림 3.1. 온도에 따른 ΔH와 ΔG 두 에너지의 변화

자유 에너지를 나타내는 식 $G = H - TS$에서 절대온도가 $0K$이라면 $\left(\frac{\partial \Delta G^0}{\partial T}\right)_p = -\Delta S^0 = 0$이므로 $\Delta G = \Delta H + T\left(\frac{\partial \Delta G}{\partial T}\right)_P$ 식에서 우변의 두 번째 항이 0이 되므로 열역학적 평형 상태란 자유 에너지 값과 엔탈피 값이 같게 되므로 이 상태가 되면 엔탈피 정보만으로도 화학반응의 완벽한 정보를 얻을 수 있는 상태가 된다.

$$\Delta G = \Delta H + T\left(\frac{\partial \Delta G}{\partial T}\right)_P$$

$$= C_p dT - T\Delta S$$

$$T \to 0K \quad \Delta G = \Delta H$$

3.2 열역학 제 3법칙의 활용(Application)

열역학 제3법칙의 가장 중요한 활용 중 하나는 임의의 온도 T에서 한 물질의 엔트로피의 절대 값을 구할 수 있다는 것이다. 이때 만약 관심 있는 온도에서의 열용량, C_P을 알고 물질이 절대온도 $0K$에서 결정질(crystalline)이라면, 엔트로피가 0이므로 $0K$에서 온도 T까지 적분을 통해 임의의 온도에서 물질의 엔트로피 값을 구할 수 있다.

① 만약 $0K$~T 온도 사이에서 물질의 상변태가 일어나지 않는 경우

$$dS = \frac{C_p}{T} dT$$

값으로부터 위 식을 $0K$부터 온도 T까지 적분을 하면

$$\int_{S_0}^{S_T} dS = \int_0^T \frac{C_p}{T} dT$$

따라서

$$S_T - S_0 = \int_0^T \frac{C_p}{T} dT \quad \cdots (3.1)$$

여기서 S_T와 S_0는 각각 온도 T와 $0K$일 때의 계의 엔트로피를 말한다.

열역학 제3법칙에 의해 $T = 0K$일 때 S_0는 0이므로

$$S_T = \int_0^T \frac{C_p}{T} dT \quad \cdots (3.2)$$

라고 쓸 수 있다.

여러분은 고체 물리에서 $15K$ 이하의 저온 온도를 디바이 온도라고 하는데 -258℃($15K$) 이하에서 고체의 열용량, C_P는 다음과 같이 표현될 수 있음을 알 것이다.

$$C_P = aT^3 \quad \cdots (3.3)$$

여기서 a는 상수이다. 이 방정식을 우린 디바이 방정식(Debye's equation)이라 한다.

그럼 식 (3.2)의 적분을 할 때 디바이 방정식을 집어넣어 온도 $0K$에서 $T'(15K)$까지와 $T'(15K)$에서 우리가 알고자 하는 온도인 T까지로 나누면 적분할 수 있다.

$$S_T = \int_0^{T'} \frac{C_p}{T} dT + \int_{T'}^{T} \frac{C_p}{T} dT \qquad \cdots (3.4)$$

여기서 T'는 중간 온도이다. $(0 < T' < T)$

만약 $T' \leq 15K$라면 식 (3.3)에 따라

$$S_T = \int_0^{T'} \frac{aT^3}{T} dT + \int_{T'}^{T} \frac{C_p}{T} dT = \int_0^{T'} aT^2 dT + \int_{T'}^{T} \frac{C_p}{T} dT$$

라 쓸 수 있고 정리를 해보면

$$= \frac{1}{3} a\, T'^{\,3} + \int_{T'}^{T} \frac{C_p}{T} dT = \frac{1}{3} C_p(T') + \int_{T'}^{T} \frac{C_p}{T} dT \qquad \cdots (3.5)$$

여기서 $C_P(T')$는 일정한 압력, 온도 T' 조건하에서의 열용량이다.

식 (3.5)의 두 번째 항인 적분 값 $\int_{T'}^{T} \frac{C_p}{T} dT$는 $\frac{C_p}{T}$ 대 T 그래프에서 $T' \sim T$ 사이의 면적으로 주어지거나 C_P 대 $\ln T$ 그래프에서 온도가 $T' \sim T$ 사이의 면적으로도 구할 수 있다. 다만 이 식은 온도 $0K \sim T$ 사이에서 상변태가 일어나지 않을 때 사용 가능하다.

② 만약 $T' \sim T$ 온도 사이 T_t 온도에서 상변태가 일어나는 경우

상변태가 일어날 때의 잠열을 첨가하여 계산해줘야 하며 식은 다음과 같이 쓸 수 있다.

$$S_T = \frac{1}{3} C_p(T') + \int_{T'}^{T_t} \frac{C_p'}{T} dT + \frac{L_t}{T_t} + \int_{T_t}^{T} \frac{C_p''}{T} dT \qquad \cdots (3.6)$$

여기서 C_P'는 일정한 압력하 T'에서 T_t 사이 온도에서의 열용량이고 C_P''는 일정한 압력하 T_t에서 T 사이 온도에서의 열용량을 말한다. 또한 L_t는 온도 T_t 에서 상변태에 따른 잠열이다.

문제 3.A

각기 다른 온도에서의 알루미늄의 몰 열용량이 다음과 같이 주어진다.

Temp, ℃	-258	-241	-238	-190	-185	-136	-38	58
C_p(cal/deg/mol)	0.03	0.25	0.32	2.36	2.57	4.10	5.34	5.78

열역학 제3법칙과 디바이 방정식을 이용해 25℃(298K)에 있는 알루미늄의 표준 엔트로피를 계산하라.

풀이 15K 이하의 몰 열용량은 디바이 방정식을 따르기 때문에 25℃에서의 알루미늄의 엔트로피 값은

$$S_{298}^{0} = \frac{1}{3}C_p(15K) + \int_{15}^{298}\frac{C_p}{T}dT = \frac{1}{3}\times(0.03) + \int_{15}^{298}\frac{C_p}{T}dT$$

$$= 0.01 + \int_{15}^{298}\frac{C_p}{T}dT \qquad \cdots (3.A.1)$$

적분 값은 C_p와 $\ln T$의 곱으로 표현될 수 있다.

T, ℃	-258	-240.6	-237.9	-190	-184.7	-136	-38	58
T, K	15	32.4	35.1	83	88.3	137	235	331
lnT	2.708	3.478	3.558	4.418	4.481	4.919	5.459	5.802
Cp	0.03	0.25	0.32	2.36	2.57	4.10	5.34	5.78

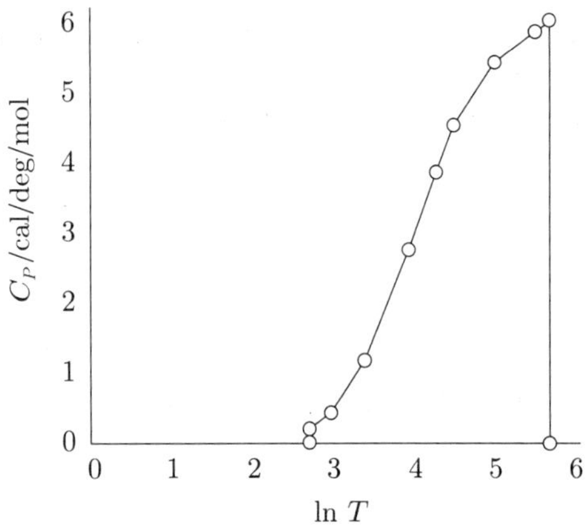

그림 3.2. $\ln T$에 따른 C_P값의 변화

그래프의 면적은 사다리꼴 공식을 사용하거나 모눈종이에 그려 네모 칸의 개수를 세어서 구할 수 있다. 15K(ln T=2.708)이고 298K(ln T=5.697)이므로 그래프의 면적은 6.71임을 알 수 있다. 따라서 25℃에서 알루미늄의 엔트로피 값은 $S_{298}^{0} = 0.01 + 6.71 = 6.72\,cal/\deg/mol$이다. ■

3.3 0K일 때 $\Delta C_p = 0$임을 증명하라(Proving $\Delta C_p = 0$ at $T = 0K$)

$T = 0K$일 때 $\Delta C_p = 0$값을 가져야 한다는 사실은 이 값이 열역학 제3법칙과 연관되어 있음을 증명하는 것이다. 이 내용은 열역학 제3법칙의 정의와 더불어 여러분들은 기억하고 있어야 한다. 그럼 증명을 해보면

깁스(Gibbs) 자유 에너지 ΔG는

$$\Delta G = \Delta H - T\Delta S$$

이고, 이것을 완전 미분하면

$$d\Delta G = d\Delta H - Td\Delta S - \Delta S dT$$

로 쓸 수 있다. 위 식을 일정 압력하에서 온도에 따른 변화로 미분을 해보면

$$\left(\frac{\partial \Delta G}{\partial T}\right)_p = \left(\frac{\Delta \partial H}{\partial T}\right)_p - T\left(\frac{\partial \Delta S}{\partial T}\right)_p - \Delta S \qquad \cdots (3.7)$$

가 되고, 열역학 제3법칙에 의해 $0K$에서 $\Delta S = 0$이므로 식 (3.7)의 오른쪽의 두 번째와 세 번째 항이 0이 됨에 따라 식은

$$\left(\frac{\partial \Delta G}{\partial T}\right)_p = \left(\frac{\partial \Delta H}{\partial T}\right)_p$$

가 되고, 식 (2.1)에 의해

$$\left(\frac{\partial \Delta H}{\partial T}\right) = \Delta C_p \text{ 이므로}$$

$$\left(\frac{\partial \Delta G}{\partial T}\right)_p = \left(\frac{\partial \Delta H}{\partial T}\right)_p = \Delta C_p$$

와 같은 식이 된다. 열역학적 함수에 의하면

$$\frac{\partial \Delta G}{\partial T} = -\Delta S$$

이므로 따라서 $-\Delta S = \Delta C_p$이고 $0K$에서 ΔS는 0이므로 $\Delta C_p = 0$이다. 이 내용은 저온 물리, 특히 초전도체에 많이 쓰이게 된다.

3장 연습문제

1 열역학 제3법칙에 대해 기술하라.

2 디바이 방정식이란?

3 $T=0K$일 때 $\Delta C_P=0$임을 증명하라.

4 일정 압력하 -258℃(15K)에서 27℃(300K)까지의 Ag의 몰 열용량 값을 아래에 나타낸 것이다.

Temp, ℃	-258	-253	-243	-223	-203	-183	-123	-23	27
Cp(cal/deg/mol)	0.16	0.40	1.14	2.78	3.90	4.56	5.48	5.90	6.10

열역학 제3법칙을 이용해 25℃(298K)에서의 은의 엔트로피를 구하라. 이때 -258℃(15K) 이하의 온도에선 몰 열용량이 디바이 방정식을 따른다고 가정한다.

4 클라우지우스 -클라페이롱 방정식

The Clausius - Clapeyron Equation

클라우지우스-클라페이롱 방정식(Clausius-Clapeyron equation)을 배우는 데는 2가지 목적이 있다. 우린 앞에서 엔탈피와 엔트로피 변화 값을 구할 때, 임의 온도에서 상변태가 일어난다면 반드시 잠열 값을 넣어 보정해서 계산해야 된다고 배웠는데 이때 필요한 잠열 값을 이 식으로부터 직접 구할 수 있다는 사실과 평형상태에서 일어나는 물리적 현상을 과학적으로 이해하는 것이 클라우지우스-클라페이롱 방정식을 배우는 이유이다. 따라서 클라우지우스-클라페이롱 방정식을 실제로 많이 활용하는 예로는 액체와 고체, 기체와 액체, 고체와 기체, 고체와 고체처럼 하나의 상에서 다른 상으로 변하는 모든 상변태의 경우에서 다시 말하면 두 상이 함께 공존하는 평형상태에서 생기는 잠열 값을 구하는 것이고, 두 번째 경우는 상변태가 일어나는 계에서 잠열 값을 이미 알고 있다면 임의 온도에서 그 물질의 증기압을 구하는 경우에도 많이 사용하고 있다.

4.1 개요(Introduction)

클라우지우스-클라페이롱 방정식(Clausius-Clapeyron equation)은 순수한 물질에서 두 개의 상이 평형상태에 있을 때 외부의 압력이 dP만큼 증가할 때 두 상들의 평형을 유지하기 위해 필요한 온도변화 dT를 나타내고 있어 외부 압력변화에 따른 상변태의 온도에 미치는 영향을 이해하는 데 매우 중요하다. 따라서

$$\frac{dP}{dT} = \frac{\Delta H}{T \Delta V} \qquad \cdots (4.1)$$

라 쓰고 이 식을 클라우지우스-클라페이롱 방정식이라 한다. 이때 ΔH는 상변태 시의 열(엔탈피 변화 값)이고 ΔV는 상변태로 인해 생긴 부피 변화를 말한다.

$\frac{dP}{dT}$의 단위는 $atm/\deg$ 또는 $cal/c.c./\deg$이다.

이것은 $1cal$=41.293c.c.atm이므로 두 단위가 같음을 금방 알 수 있다.

4.2 한 물질에서 클라우지우스-클라페이롱 방정식 유도 (Deviation of the Clausius – Clapeyron Equation for a Single Substance)

임의의 온도 T에서 한 물질의 서로 다른 두 상이 평형상태로 존재할 때 자유 에너지 변화 값에 대해 고찰해 보자. 구체적으로 1기압 녹는 점(melting point)에서 한 물질의 고상이 액상과 평형을 이루고 있는 경우를 생각해 보고, 이때 일정 온도와 일정 압력하에서 고상의 몰 자유 에너지(molar free energy)를 G_A, 그리고 액상의 몰 자유 에너지를 G_B라고 하자.

고상(solid phase) → 액상(liquid phase)으로 변할 때

1. $G_A > G_B$ 고상 → 액상 : $\Delta G < 0$ 고체가 녹는다.

즉, 고상의 자유 에너지가 액상의 자유 에너지보다 더 커 $\Delta G < 0$이므로 고상과 액상이 혼재시 고상은 녹아 모두 액상으로 변하게 되는 것이 에너지적으로 안정하다.

2. $G_A = G_B$ 고상 = 액상 : $\Delta G = 0$이므로 평형을 이룬다.

즉, 고상의 자유 에너지와 액상의 자유 에너지 값이 같아 변화가 없으므로 $\Delta G = 0$이어서 고상과 액상이 혼재된 상태로 존재하는 평형을 이룬다.

3. $G_A < G_B$ 고상 ← 액상 : $\Delta G > 0$ 액체가 응고한다.

즉, 고상의 자유 에너지가 액상의 자유 에너지보다 더 작아 $\Delta G > 0$이므로 고상과 액상이 혼재시 액상이 응고하여 고상으로 모두 변하게 되는 것이 에너지적으로 안정하다.

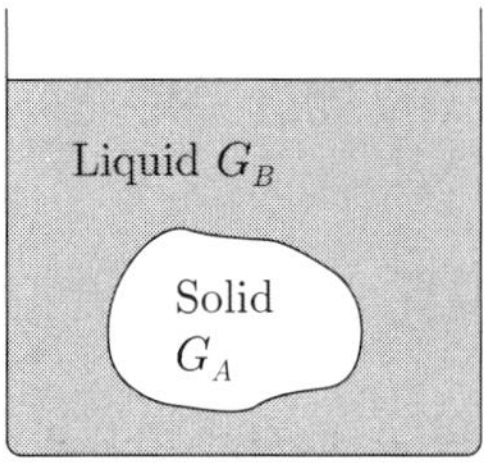

그림 4.1. 한 물질에서 고상과 액상이 평형일 때

따라서 고상과 액상 사이 평형 조건은

$$G_A = G_B \quad \cdots (4.2)$$

이고, 그 미분 값인

$$dG_A = dG_B \qquad \cdots (4.3)$$

이 된다.

자유 에너지는 온도와 압력의 함수이므로 자유 에너지 $dG = VdP - SdT$라 쓸 수 있다. 한편 압력이 일정할 때 온도에 따른 자유 에너지의 변화는 엔트로피 변화로, 온도가 일정할 때 압력에 따른 자유 에너지 변화는 부피의 변화로 표현할 수 있으므로 dG_A와 dG_B를 각각 온도와 압력으로 완전미분을 해주면 다음과 같은 식이 된다.

$$dG_A = \left(\frac{\partial G_A}{\partial T}\right)_P dT + \left(\frac{\partial G_A}{\partial P}\right)_T dP \qquad \cdots (4.4)$$

$$dG_B = \left(\frac{\partial G_B}{\partial T}\right)_P dT + \left(\frac{\partial G_B}{\partial P}\right)_T dP \qquad \cdots (4.5)$$

한 물질이 평형 상태에 있다고 하면 식 (4.3)에 의해 (4.4)과 (4.5)는 같으므로

$$\left(\frac{\partial G_A}{\partial T}\right)_P dT + \left(\frac{\partial G_A}{\partial P}\right)_T dP = \left(\frac{\partial G_B}{\partial T}\right)_P dT + \left(\frac{\partial G_B}{\partial P}\right)_T dP$$

열역학적 함수에 의해 위 식은

$$-S_A dT + V_A dP = -S_B dT + V_B dP$$

라 쓸 수 있고, dP와 dT로 묶으면

$$(V_B - V_A)dP = (S_B - S_A)dT$$

이 되고 양변을 정리하면 다음과 같이 쓸 수 있다.

$$\frac{dP}{dT} = \frac{\Delta S}{\Delta V} \qquad \cdots (4.6)$$

식 (2.1)에 의해

$$\Delta S = \frac{\delta q_{rev}}{T} = \frac{\Delta H}{T} \qquad \cdots (4.7)$$

이므로 식 (4.7)을 (4.6)에 대입하면

$$\frac{dP}{dT} = \frac{\Delta H}{T\Delta V} \qquad \cdots (4.8)$$

이와 같은 식을 얻을 수 있고 이때 q_{rev}는 물질 1g-mole이 녹을 때 흡수한 열량을, ΔH는 물질 1g-mole의 융해잠열이고, V_B는 물질 1g-mole의 액체상태의 부피를, V_A는 물질 1g-mole의 고체상태의 부피를 말한다.

따라서 위의 방정식을 클라우지우스-클라페이롱 방정식(Clausius-Clapeyron equation)이라 하고 이 방정식은 한 물질이 한 상에서 다른 상으로 변화할 때 사용할 수 있으며, 즉 고체-액체(fusion), 액체-기체(vaporization), 고체-기체(sublimation), 고체-고체상의 평형과 같은 동소 변태(allotropic transformation) 등과 같은 상변태(상평형 상태)에 적용할 수 있다.

4.3. 두 상의 평형시 클라우지우스-클라페이롱 방정식의 활용 (Application of Clausius-Clapeyron Equation to Phase Changes)

액체-기체상의 평형(Vaporization Equilibrium)

액체가 기체로 변하는 상변태를 증발(vaporization)이라 한다. 앞에서 전술한 클라우지우스-클라페이롱 방정식의 식을 액체-기체상의 평형에 적용하기 위해 ΔV 대신에 $V_{vap} - V_{liq}$값을 넣어 정리하면

$$\frac{dP}{dT} = \frac{\Delta H_v}{T(V_{vap} - V_{liq})} \qquad \cdots (4.9)$$

이고, 이때 ΔH_v는 기화 잠열이고 V_{vap}, V_{liq}는 각각 기체의 몰 부피, 액체의 몰 부피를 나타내며 기체의 몰 부피 V_{vap}가 액체의 몰 부피 V_{liq}에 비해서 통상적으로 매우 크기 때문에 V_{liq}는 무시될 수 있어서 식 (4.9)은

$$\frac{dP}{dT} = \frac{\Delta H}{TV_{vap}} \qquad \cdots (4.10)$$

라 쓸 수 있고, 만약 V_{vqp}가 이상기체처럼 거동한다고 가정하면

$$V_{vap} = \frac{RT}{P} \qquad \cdots (4.11)$$

이므로 식 (4.11)을 식 (4.10)의 V_{vap}과 치환하면

$$\frac{dP}{dT} = \frac{P\Delta H_v}{RT^2} \quad \cdots (4.12)$$

라 쓸 수 있고 가장 널리 사용되는 미분의 형태 중 하나로 다시 정리하면

$$\frac{d(\ln P)}{dT} = \frac{\Delta H_v}{RT^2} \quad \cdots (4.13)$$

라 쓸 수 있다. 이때

첫 번째 ΔH_v가 온도에 따라 변하지 않고 상수라면 다음과 같은 식으로 적분을 풀 수 있다.

$$\ln P = -\frac{\Delta H_v}{RT} + C' \quad \cdots (4.14a)$$

이 식을 log의 식으로 바꾸면

$$\log P = -\frac{\Delta H_v}{2.303RT} + C \quad \cdots (4.14b)$$

이다. 여기서 C'과 C는 적분상수 값이다. 식 (4.14b)로부터 $\log P$ 대 $1/T$ 그래프를 그리면 직선이 생기는데 그 직선의 기울기는 다음과 같이 주어진다.

$$m = -\frac{\Delta H_v}{2.303R}$$

이때 Y축 절편은 적분 상수 C값을 나타내고 기울기 m으로부터 잠열인 ΔH_v(heat of vaporization of liquid) 값을 구할 수 있게 된다.

그밖에 식 (4.13)을 압력 P_1에서 P_2까지 변하고 온도가 T_1에서 T_2까지의 범위로 적분할 수 있다. 이때 온도의 범위가 매우 작아 ΔH_v를 온도에 무관하다고 간주할 수 있는 경우, 식 (4.13)을 다음과 같이 나타낼 수 있다.

$$\int_{P_1}^{P_2} d(\ln P) = \frac{\Delta H_v}{R}\int_{T_1}^{T_2}\frac{dT}{T^2}$$

또는

$$\log\frac{P_1}{P_2} = -\frac{\Delta H_v}{2.303R}\left[\frac{1}{T_2} - \frac{1}{T_1}\right] \quad \cdots (4.16)$$

이 식은 온도 T_1에서의 압력 P_1와 ΔH_v를 알고 있다면 임의의 온도 T_2에서의 압력 P_2를 계산하는 데 사용할 수 있다. 즉 임의의 온도 T_2에서의 증기압(vapor pressure)을 계산할 수 있다. 여러 물질이 섞여 있고 각 물질에 대해 온도와 무관한 ΔH_v 값을 알고 있을 때 온도에 따른 어느 특정 물질의 증기압을 계산하여 여러 물질이 단상의 조성을 맞추는데 이 식은 매우 유용하게 사용될 수 있다.

두 번째 식 (4.13)의 ΔH_v 값이 온도에 따라 변하는 경우(주어진 온도 구간에서 C_p값이 달라질 때)

온도에 따른 엔탈피 값의 변화가 열용량 변화이므로 키르히호프의 방정식을 사용하면

$$\frac{d\Delta H_v}{dT} = \Delta C_p$$

이므로

$$\Delta H_v = \int \Delta C_p dT + I_1 = \Delta C_p T + I_1 \qquad \cdots (4.17)$$

이다. 여기서 I_1는 적분상수이다. 식 (4.17)을 (4.13)에 대입하면

$$\frac{d(\ln P)}{dT} = \frac{\int \Delta C_p dT}{RT^2} + \frac{I_1}{RT^2} \qquad \cdots (4.18)$$

라 쓸 수 있으며, 이것을 적분하면

$$\ln P = \int \frac{dT}{RT^2} \int \Delta C_P dT - \frac{I_1}{RT} + I_2 \qquad \cdots (4.19)$$

라 쓸 수 있고 여기서 I_2 는 또 다른 적분상수이다. 따라서 식 (4.19)를 다음과 같이 정리해서 쓸 수 있다.

$$\ln P = \frac{\Delta C_p}{R} \ln T - \frac{I_1}{RT} + I_2 \qquad \cdots (4.20)$$

여기서 R은 기체상수로 $R = 1.987\, cal/\deg/mole = 8.314\, J/\deg/mole$이다.

식 (4.20)을 일반화하여 쓰면 다음과 같다.

$$\ln P = \frac{A}{T} + B\ln T + CT + D \qquad \cdots (4.21)$$

고체-기체상의 평형(Sublimation Equilibrium)

고체에서 기체로 변하는 상변태를 승화(sublimation)라 하는데 여기서도 고체의 부피와 기체의 부피 차이가 크므로 액체-기체 평형과 같은 식을 쓸 수 있다.

$$\frac{d(\ln P)}{dT} = \frac{\Delta H_s}{RT^2} \qquad \cdots (4.22)$$

여기서 ΔH_s는 승화 잠열(the heat of sublimation)이라 한다. 이 경우 반도체 회사에서도 많이 사용하는데 여러 물질이 섞여 있을 때 각각의 싱글 물질에 대해 온도와 무관한 ΔH_s 값을 알고 있다면 온도에 따라 어느 특정 물질의 증기압 값을 계산할 수 있고 계산된 구성 원소들의 증기압이 다를 경우 여러 물질을 혼합하여 단일상 조성을 맞출 때 이 식은 매우 유용하게 사용될 수 있다. 만약 25℃에서 Ga 1몰과 As 1몰의 증기압은 큰 차이가 없으나 800℃로 온도를 올리면 클라우지우스-클라페이롱 방정식으로 계산해 보면 As의 증기압이 Ga의 증기압보다 2배 크게 나오게 되므로 800℃에서 GaAs 1몰을 만들기 위해선 Ga 1몰에 As 2몰을 반응시켜야 우리가 원하는 GaAs 1몰이 생김을 유념해야 한다.

고체-액체 평형(Fusion Equilibrium)

고체에서 액체가 되는 반응을 융해(fusion)라 한다. 클라우지우스-클라페이롱 방정식을 고체-액체 평형에 적용하면

$$\frac{dP}{dT} = \frac{\Delta H_f}{T(V_{liq} - V_{sol})} \qquad \cdots (4.23)$$

혹은

$$\frac{dT}{dP} = \frac{T(V_{liq} - V_{sol})}{\Delta H_f} \qquad \cdots (4.24)$$

표현할 수 있고 이때 ΔH_f는 몰 융해열(molar heat of fusion)이고, V_{liq}와 V_{sol}는 각각 고체와 액체의 몰 부피(molar volume)이다.

식 (4.24)는 어떤 고상 재료의 압력 변화에 따른 녹는 점 변화를 계산할 수 있다.

식 (4.24)를 이용해 고체-액체상의 평형상태에서 일어나는 물리적 현상을 이해해 보면 얼음 위에서 아이스 스케이팅(ice skating)이 가능한 이유를 과학적으로 잘 설명할 수 있다. 얼음-물 시스템에서 고체 얼음의 부피가 액체 물의 부피보다 크므로 $\Delta V_{S \to L} < 0$이고 엔탈피 변화 값은 액체 물이 고체 얼음보다 큰 값을 가지므로 $\Delta H_{S \to L} > 0$이므로

$$\frac{dP}{dT} = \frac{\Delta H}{T\Delta V} < 0$$

이고, 즉 압력 증가에 따라 평형 용융 온도는 감소하게 된다. 이것은 아이스 스케이팅 시 사람 체중에 의해 스케이트 날의 좁은 면적에 압력이 상승하게 되고 이것으로 인해 얼음의 녹는 점이 0°C 보다 더 낮아지게 되면 주변 환경은 여전히 0℃를 유지하므로 압력을 받은 날 밑에 얼음이 녹아 물이 생기게 되고, 그 물은 윤활제 역할을 함에 따라 스케이트가 앞으로 쉽게 나아갈 수 있게 해준다. 따라서 아이스 스케이팅 장에서 스케이트를 많이 타고 나면 얼음바닥에 물에 많이 생겨 빙판에 물을 제거해 주는 시간을 갖게 되는 것을 알 수 있다.

그러나 물의 경우와는 달리 보통 일반적인 계에서는 고상의 부피가 액상의 부피보다 작으므로 $\Delta V_{S \to L} > 0$이고 $\Delta H_{S \to L} > 0$이므로 $\left(\frac{dP}{dT}\right) > 0$이다. 따라서 압력이 증가하면 평형 용융 온도가 증가하고 압력이 감소하면 평형 용융 온도가 감소한다. 이는 산 위에서는 밥을 지으면 밥이 설익게 되므로 솥뚜껑 위에 돌을 올려놓아 압력을 높여 밥을 하는 것을 경험적으로 많이 보았을 것이다. 그 이외에 우리 경험에 의하면 바람이 불면 바람이 불지 않을 때보다 빨래가 빠르게 마르는 이유도 이 식으로 매우 잘 설명할 수 있다.

문제 4.A

끓는점에서 구리의 기화열은 $74.5kcal/mole$이고, 1500℃(1773K)에서 구리의 증기압은 $0.256mmHg$이다. 구리의 끓는점을 계산하라.

풀이 끓는점에서의 증기압은 1기압 또는 $760mmHg$라 할 수 있다. 따라서

$$\log\frac{P_2}{P_1} = \frac{-\Delta H_v}{2.303R}\left[\frac{1}{T_2} - \frac{1}{T_1}\right]$$

$$\log\frac{760}{0.256} = \frac{-74500}{2.303R}\left[\frac{1}{T_2} - \frac{1}{1773}\right]$$

$$T_2 = 2851K$$

■

고체 - 고체 평형(Allotropic Transformation Equilibrium)

한 물질에서 두 개의 고체상이 평형상태에 있을 때 압력에 따라 전이온도의 변화에 대해 알아보자. 고체와 고체상의 사이 평형인 동소 변태(allotropic transformation)가 일어날 때 전이온도 이상에서 α상이 안정한 형태를 유지하고 그 전이온도 이하에선 β상이 안정한 형태를 갖는다면

$$\frac{dP}{dT} = \frac{\Delta H_{tr}}{T(V_\alpha - V_\beta)} \quad \cdots (4.24a)$$

혹은

$$\frac{dT}{dP} = \frac{T(V_\alpha - V_\beta)}{\Delta H_{tr}} \quad \cdots (4.24b)$$

라 쓸 수 있고 이때 V_α, V_β는 α, β상의 몰 부피(molar volume)이고 ΔH_{tr}는 몰 전이열(molar heat of transition) 값을 나타낸다.

4.4 트루톤의 규칙과 리차드의 규칙 (Trouton's Rule and Richard's Rule)

클라우지우스-클라페이롱 방정식 외에도 잠열을 구하는 다른 방법이 2가지가 더 있는데 그것은 트루톤의 규칙(Trouton's rule)과 리차드의 규칙(Richard's rule)이다. 이 두 규칙들은 정확도는 떨어지지만 대략적인 잠열 값을 구할 때 매우 유용하게 사용되고 있다.

트루톤의 규칙(Trouton's Rule)

대부분의 액체 재료에서 기화 잠열(latent heat of evaporation)과 표준 끓는점(normal boiling point)의 비율은 일정하다.

$$\frac{\Delta H_v}{T_b} = 21\, cal/\deg/mol$$

주의

사실 트루톤의 규칙은 근삿값이며 모든 재료에 적용할 수는 없다. 그러나 대략적인 기화잠열(latent heat of evaporation)값을 구하는데 쉽게 이용한다.

리차드의 규칙(Richard's Rule)

대부분 금속들의 용융 엔트로피(melting entropy)는 2~4$cal/\deg/mol$ 근처의 값을 갖는다. 따라서

$$\Delta S_m = \frac{\Delta H_m}{T_m} \fallingdotseq 2\text{~}4cal/\deg/mol$$

여기서 ΔS_m은 금속들의 용융 엔트로피 값을, ΔH_m는 용융 엔탈피(melting enthalpy)값을, T_m은 금속의 녹는점(melting point)을 나타내므로 특정 금속에서 녹는점 온도만 알면 융해잠열(latent heat of fusion)인 ΔH_m 값을 구할 수 있다.

따라서 이 두 규칙을 이용해 클라우지우스-클라페이롱 방정식과 더불어 상변태 재료의 잠열을 구할 수 있어 특정재료에서 대략적인 잠열 값을 예측해볼 수 있다.

문제 4.B

액상 수은은 1기압하에서 357℃(630K)에서 끓는다. 이 재료가 트루톤의 규칙을 따른다고 할 때, 100℃(373K)에서의 증기압을 계산하라.

풀이 트루톤의 규칙에 의해 수은의 기화 몰 열 ΔH_v은

$$\begin{aligned} \Delta H_v &= 21\,T_b \\ &= 21 \times 630 \\ &= 13230cal/mol \end{aligned}$$

식 (4.14b)를 따르면 액상 수은의 증기압은 다음과 같다.

$$\log P = \frac{-13230}{2.303RT} + C$$

1기압일 때 수은의 끓는점이 357℃(630K)이므로

$$\log 1 = \frac{-13230}{4.575 \times 630} + C$$

$$C = 4.59$$

식 (4.14b)를 이용하여 100℃(273K)에서 수은의 증기압을 구해 보면

$$\log P = \frac{-13230}{4.575 \times 373} + 4.59$$

$$= -3.163$$

또는

$$P = 6.871 \times 10^{-4}\, atm$$

$$= 0.5222\, mmHg$$

■

4장 연습문제

1. 클라우지우스-클라페이롱 방정식이 아래와 같음을 증명하라.

$$\frac{dP}{dT}=\frac{\Delta H}{T\Delta V}$$

2. 액상과 기상이 평형상태를 유지할 때 클라우지우스-클라페이롱 방정식을 이용해서 얻을 수 있는 정보 3가지를 써라.

3. 아이스 스케이팅이 가능한 이유를 과학적으로 설명하라.

4. 트루톤의 규칙과 리차드의 규칙을 기술하라.

5. 액체의 증기압은 온도에 따라 변한다. 증발열 ΔH_{vap}가 온도의 함수가 아니라고 가정할 때 $\log P$를 $1/T$에 대하여 도시하면 그 기울기는 어떤 값을 나타내겠는가?

6. 주어진 데이터로부터 팔라듐의 평균 기화열을 계산하라.

$Temp, K$	1587	1624
$P, mmHg$	7.516×10^{-7}	1.614×10^{-6}

7 2227℃(2500K)에서 액상 티타늄의 증기압은 1.503$mmHg$(200N/m²)이다. 티타늄의 표준 끓는점에서의 기화열은 104$kcal/mol$(435.14KJ/mol)이라면 티타늄의 표준 끓는점을 구하라.

8 1기압하에서 아연의 표준 끓는점이 907℃(1180K)이다. 800℃(1073K) 1기압하에서의 아연의 증기압을 구해라. 이때 아연은 트루톤의 규칙을 따른다고 가정한다.

5 퓨개시티, 활동도 그리고 평형 상수

Fugacity, Activity and Equilibrium Constant

종종 평형 상태에 있는 화학 반응이 어디로 진행될 것인지를 아는 것은 매우 중요하다. 결론적으로 말하면 평형 상태에 있는 화학반응에 대한 정보는 평형 상수라는 도구를 이용해 알아내게 된다. 그러기 위해선 화학반응이 평형 상태에 있다는 것이 무슨 의미인지 알아야 한다. 이미 우린 앞에서 평형 상태에 대해 기계적 평형, 온도 평형, 화학적 평형이 있다고 배웠다. 화학반응의 정보를 제공하는 엔탈피, 엔트로피, 자유 에너지는 양(몰)에 따라 비례하는 크기 성질(extensive property)이다. 그러나 실제로 이것을 나타내는 과학적 변수는 모두 세기 성질(intensive property)을 이용한다. 기계적 에너지는 압력으로, 열에너지는 온도로, 화학 포텐셜은 조성으로 설명할 수 있다. 그렇다면 평형 상태에 있는 화학반응의 정보를 제공하는 평형 상수(equilibrium constant)는 어떤 도구로 표시할 수 있을까? 미리 살짝 얘기하자면 그것은 활동도(activity)라는 도구로 표현이 된다. 그리고 활동도의 개념을 이해하려면 퓨개시티(fugacity) 개념을 알아야 한다. 그렇기 때문에 이 장의 제목은 퓨개시티(fugacity), 활동도(activity), 그리고 평형상수(equilibrium constant)라 정했다. 더 나아가 활동도는 앞으로 배울 용액(solution)의 성질을 열역학적으로 규정하는데 매우 중요한 도구 역할을 하기 때문에 그 개념을 매우 잘 이해하고 있어야 한다.

5.1 퓨개시티(Fugacity)

그럼, 활동도(activity)라는 개념을 이해하기 위해선 먼저 퓨개시티(fugacity)라는 개념부터 알아보자.

압력에 의해 일을 하는 시스템(VdP)에서 깁스 자유 에너지를 열역학 제1법칙과 제2법칙을 결합하여 표현하면

$$dG = VdP - SdT \qquad \cdots (5.1)$$

라 쓸 수 있고, 이때 온도가 일정하면 $dT = 0$이므로, 식 (5.1)은 다음처럼 된다.

$$dG = VdP \qquad \cdots (5.2)$$

퓨개시티 개념은 기체 - 액체 상평형 계산의 출발점을 제공해 주는 기본개념이므로 주어진 기체가 1몰의 이상기체라 가정하면 $PV = RT$이므로 식 (5.2)는 다음과 같다.

$$dG = \frac{RT}{P} dP$$

$$= RTd\ln P \qquad \cdots (5.3)$$

라 쓸 수 있다.

만약 기체가 이상기체가 아니고 실제기체라면, 식 (5.3)은 압력 P 대신에 f로 치환하여 다음과 같이 표현할 수 있다.

$$dG = RTd\ln f \qquad \cdots (5.4)$$

이상기체와 실제기체의 차이점은 무엇일까?

이상기체가 실제기체와 다른 점은 다음과 같다. 첫째, 이상기체의 분자는 부피가 없고 질량만 있지만 실제기체의 분자는 일정한 부피를 차지하며 분자의 종류에 따라 각자의 형태를 가진다. 둘째, 이상기체는 분자 간 탄성충돌 외에는 다른 상호작용이 없어 운동에너지 손실이 없지만 실제 기체의 분자들은 전자구름의 분포에 따른 상호작용을 일으킨다. 셋째, 이상기체는 온도와 압력에 따라 상변화를 일으키지 않기 때문에 모든 조건에서 기체로만 존재하나 실제 기체는 일정한 조건하에서 고체나 액체 등과 같은 다른 상으로 변한다. 위와 같은 차이로 인해 이상기체와 실제기체의 거동 사이에는 큰 차이가 있지만 압력이 낮고 온도가 높은 특정 조건하에서는 둘이 거의 유사한 거동을 보이기도 한다. 이것은 분자간의 거리가 멀고 분자가 빠르게 움직이기 때문에 실제기체의 경우에도 분자 간에 작용하는 인력이나 반발력이 작아 이상기체에 가까운 거동을 하기 때문이다.

기체와 액체상이 평형상태에 있을 때 온도가 변하게 되면 기체상이든 액체상이든 간에 한 상에서 다른 상으로 이탈하려는(변하려는) 성향이 나타나는데 퓨개시티 f는 이런 이탈성향을 말하며, 이 성향은 증기압의 유사한 개념이어서 수정된 증기압이라 할 수 있다. 따라서 퓨개시티의 단위는 압력과 같다. 그러나 이 이탈성향과 증기압이 항상 동일한 값을 가지는 것은 아니다. 이상기체에서는 모든 압력에서 증기압 P=퓨개시티 f이지만 실제기체에선 P값이 매우 적을 때만 $f = P$가 성립되고 대부분 $f \neq P$이다. 따라서 퓨개시티는 압력이 얼마나 이상적인 상태인가 정도를 확인하는 수단으로 사용되기도 한다.

5.2 활동도(Activity)

평형상수를 나타낼 때 사용되는 활동도(activity)의 정의를 알아보자. 활동도는 어떤 물질이 표준상태에 있을 때의 퓨개시티 분의 임의의 상태에서의 퓨개시티 비로 정의된다.

$$a = \frac{f}{f^0} \qquad \cdots (5.5)$$

여기서 a는 활동도(activity), f는 임의 상태에서의 퓨개시티(fugacity)이고, f^0는 표준상태에서의 퓨개시티이다.

앞에서 구한 식 (5.4)에 (5.5)를 대입하면

$$dG = RTd\ln(f^0 \cdot a)$$

라 쓸 수 있고 f^0는 일정한 온도에서 일정한 값을 갖기 때문에

$$dG = RTd\ln a \qquad \cdots (5.6)$$

가 되고, 식 (5.6)을 표준상태부터 임의의 상태까지 적분을 하면

$$G - G^0 = RT\ln a - RT\ln a^0$$

이 된다. 이때 a^0는 표준상태에서의 활동도이다. a^0는 1이기 때문에($a^0 = f^0/f^0 = 1$) 자연로 그 부분은 없어져 결국

$$G - G^0 = RT\ln a \qquad \cdots (5.7)$$

이 된다.

지금까지 화학반응의 정보를 제공하는 자유 에너지와 활동도에 대한 관계식을 유도해 보았다. 따라서 식 (5.7)로부터 평형 상태에 있는 화학 반응이 어디로 진행될 것인지를 자유 에너지 대신에 활동도를 사용하여 평형 상수(equilibrium constant)를 정의하고 이 개념으로 평형 상태에 있는 화학반응의 정보를 알아낼 것이다.

5.3 평형 상수(Equilibrium Constant)

앞에서 구한 자유 에너지(free energy)와 활동도(activity)에 대한 관계식을 한 재료로부터 확장하여 화학반응에 그 개념을 적용해 보자.

표준상태(일정한 압력과 일정한 온도)하에서 아래와 같은 화학반응을 가정하자.

$$aA + bB + \ldots = rR + sS + \ldots \qquad \cdots (5.8)$$

여기서 $A, B, \ldots$는 반응물이고 $R, S, \ldots$는 생성물이다. $a, b, r, s, \ldots$는 g-atom수 또는 g-mole 수를 의미한다.

화학반응식 (5.8)의 자유 에너지 변화 값은 생성물(product)이 갖는 자유에너지 합에서 반응물(reactant)이 갖는 자유 에너지 합을 뺀 값이므로 다음처럼 쓸 수 있다.

$$\begin{aligned}\Delta G &= \sum G_{product} - \sum G_{reactant} \\ &= (rG_R + sG_S + \ldots) - (aG_A + bG_B + \ldots) \qquad \cdots (5.9)\end{aligned}$$

만약 반응물과 생성물이 모두 표준상태에 있다면 자유 에너지 변화 값 ΔG^0는

$$\Delta G^0 = (rG_R^0 + sG_S^0 + \ldots) - (aG_A^0 + bG_B^0 + \ldots) \qquad \cdots (5.10)$$

라고 쓸 수 있고, 식 (5.9)에서 (5.10)를 빼면

$$\begin{aligned}\Delta G - \Delta G^0 = &[r(G_R - G_R^0) + s(G_S - G_S^0) + \ldots] - \\ &[a(G_A - G_A^0) + b(G_B - G_B^0) + \ldots]\end{aligned}$$

위와 같은 식으로 정리된다. 그럼 식 (5.7)로부터 $(G - G^0)$값을 대입해 주면

$$\begin{aligned}\Delta G - \Delta G^0 = &[r(RT\ln a_R) + s(RT\ln a_S) + \ldots] - \\ &[a(RT\ln a_A) + b(RT\ln a_B) + \ldots]\end{aligned}$$

식이 되고 로그 항의 합은 곱으로 차는 나누기로 표현할 수 있으므로

$$\Delta G - \Delta G^0 = RT\ln\frac{a_R^r \cdot a_S^s \cdots}{a_A^a \cdot a_B^b \cdots}$$

라 쓸 수 있어 다음과 같이 정리할 수 있다.

$$\Delta G = \Delta G^0 + RT\ln\frac{a_R^r \cdot a_S^s \cdots}{a_A^a \cdot a_B^b \cdots} \qquad \cdots (5.11)$$

앞에서 배웠듯이 반응물과 생성물이 모두 평형 상태에 있다면 $\triangle G=0$이므로 이 식은

$$\Delta G^0 = -RT\ln\frac{a_R^r \cdot a_S^s \cdots}{a_A^a \cdot a_B^b \cdots}$$

라고 쓸 수 있고, 자연로그 항목 안에 $\left[\frac{a_R^r \cdot a_S^s \cdots}{a_A^a \cdot a_B^b \cdots}\right]$를 우린 '열역학적 평형 상수' 혹은 '평형 상수'라 부르고 K라 명명하였다. 따라서 평형 상태에 있는 화학반응에서

$$\Delta G^0 = -RT\ln K \quad \cdots (5.12)$$

로 표현할 수 있다.

▶ 평형상수에 포함된 ΔG^0와 R의 단위에 따라 식 (5.12)를 다시 나타내 보면

① G^0의 단위가 cal로 표시되고 기체상수 R의 값을 $1.987cal/\deg/mol$로 사용할 때 식 (5.12)는 다음과 같다. 이때 $0.4343\ln = \log$을 이용해 자연로그를 상용로그로 바꾸면

$$\Delta G^0 = -4.575\,T\log K \quad \cdots (5.13)$$

된다.

② G^0의 단위가 Joule로 표시되고 기체상수 R의 값을 $8.314J/K/mol$로 사용하는 국제단위(SI units)로 표시할 경우, 식 (5.12)는

$$\Delta G^0 = -19.147\,T\log K$$

가 된다. 따라서 임의의 온도에서의 평형상수 값은 표준 자유 에너지 변화 값(standard free energy change) ΔG^0를 알고 있다면 언제든지 구할 수 있다.

▶ 그럼 평형상수 값은 현재 산업체 어디에서 많이 응용하여 사용되는가?

① 주어진 산화성 내화물이 주어진 분위기하에서 안전하게 반응 없이 사용할 수 있는지 알아보는 안정성 예측을 하거나,

② 금속 어닐링 열처리 시 분위기 가스로 주어지는 기체 혼합물의 열처리 적합성을 결정하는 데 유용하게 사용할 수 있다.

▶ 평형상수 값을 가지고 주어진 화학반응의 정보를 어떻게 알아낼 수 있을까? 이와 관련된 중요한 법칙이 있는데 여러분도 잘 아는 르 샤틀리에 법칙을 가지고 화학반응의 정보를 예측할 수 있다.

르 샤틀리에 법칙(Le Chatelier's Principle)

열역학적으로 평형 상태에 있는 계에서 외부로부터 평형을 교란시키는 영향을 계에 가하면 그 효과를 반감하는 방향으로 계의 상태가 변하는 원리로, 즉 **화학반응에 영향을 주는 자유도 즉 온도, 압력, 몰 비에 변화를 주어 평형 조건을 깨는 변화를 일으키면 그 변화를 없애고자 하는 방향으로 계(system)가 변하여 새로운 평형에 도달한다는 법칙이다.** 예를 들어 아래와 같은 화학반응이 주어져 있고 이 화학반응식은 평형 상태에 있다고 가정하면

$$2HI = H_2 + I_2$$

여기서 HI의 몰 비를 증가시키면 그 변화를 줄이기 위해 H_2와 I_2가 생성되는 쪽으로 반응이 일어나고 역으로 H_2의 몰 비를 증가시키면 그 변화를 줄이기 위해 HI를 생성하는 쪽으로 반응이 일어나 평형상태를 유지하게 된다.

문제 5.A

마그네시아 도가니가 1000℃(1273K), 0.01기압의 진공 상태에서 분해가 되겠는지를 예측하라.

$$< MgO >=< Mg >+\frac{1}{2}(O_2)$$

$$\Delta G^0 = 145350 + 0.24 T\log T - 26.95 T cal$$

풀 이

$$< MgO >=< Mg >+\frac{1}{2}(O_2) \quad \cdots (5.A.1)$$

$$\Delta G^0 = 145350 + 0.24 T\log T - 26.95 T \quad \cdots (5.A.2)$$

$$\Delta G^0_{1273} = 145350 + 0.24 \times 1273 \times \log 1273 - 26.95 \times 1273$$
$$= 111991.24 cal$$

$$\log K = -\frac{111991.24}{4.575 \times 1273} = -19.229$$

$$K = \frac{a_{Mg} \cdot P_{O_2}^{\frac{1}{2}}}{a_{MgO}} = 5.9 \times 10^{-20} atm$$

주어진 조건은 공기 중 산소가 21% 포함되어 있으므로 $0.21 \times 0.01 atm = 2.1 \times 10^{-3} atm$이다. 따라서 K값보다 평형 산소 분압이 크므로 MgO 도가니의 분해 가능성은 없다. ■

문제 5.B

주어진 정보를 이용해 727℃(1000K)에서 다음 반응의 평형 상수를 계산하라. 또한, 727℃(1000K), 10% CO, 2% CO_2, 88% N_2 분위기에서 열처리를 한다면 산화철이 형성될 것인지 예측하라.

$$< FeO > + (CO) = < Fe > + (CO_2)$$

$$< FeO > + (H_2) = < Fe > + (H_2O) \; ; \; \Delta G^0 = 3150 - 1.85\,T cal$$

$$(CO_2) + (H_2) = (CO) + (H_2O) \; ; \; \Delta G^0 = 8600 - 7.8\,T cal$$

풀 이 주어진 정보를 이용해 알고자 하는 화학반응식을 만든다.

$$< FeO > + (H_2) = < Fe > + (CO_2) \qquad \cdots (5.B.1)$$

$$(CO_2) + (H_2) = (CO) + (H_2O) \qquad \cdots (5.B.2)$$

식 (5.B.1)에서 (5.B.2)를 빼주면 다음의 반응식을 얻을 수 있다.

$$< FeO > + (CO) = < Fe > + (CO_2) \qquad \cdots (5.B.3)$$

자유 에너지 변화 값은

$$\Delta G^0_{(5.B.3)} = \Delta G^0_{(5.B.1)} - \Delta G^0_{(5.B.2)}$$

$$= -5450 + 5.95\,T cal$$

$$\Delta G^0_{1000,(5.B.3)} = -5450 + 5.95 \times 1000$$
$$= 500$$

식 (5.13)에 따르면

$$-4.575\, T \log K = 500$$

$$\log K = -\frac{500}{4.575 \times 1000}$$
$$= -0.11$$

순수한 고체의 활동도는 1이라고 할 수 있고 기체가 이상기체처럼 거동한다면 활동도는 분압으로 표시할 수 있으므로 평형 상수는 다음과 같다.

$$K = 0.78 = \frac{P_{CO_2}}{P_{CO}}$$

주어진 분위기에서 $\frac{P_{CO_2}}{P_{CO}} = \frac{2}{10} = 0.2$이므로 주어진 값이 평형 상수보다 작다. 따라서 CO_2를 생성하는 방향으로 반응이 진행될 것이다. 이 반응에서는 산화철이 환원되어 철이 된다. 따라서 이 분위기에서 열처리를 한다면 철은 산화되지 않는다. ■

5.4 반트호프 방정식(Van't Hoff Equation)

주어진 화학 반응이 표준 상태에 있고 그 주어진 온도에서 화학반응이 평형상수 값을 알고 있다 할지라도 내가 열처리하는 온도에서 그 화학반응의 평형상수 값을 알고 싶을 때 반트호프 방정식(Van't Hoff equation)을 이용하여 구한다.

압력이 일정할 때 깁스-헬름홀츠 방정식은 앞에서 깁스 자유 에너지 변화(Gibbs free energy change) 값으로부터 역으로 엔탈피 변화(enthalpy change) 값을 구할 때 사용한다고 배웠다. 그 식은

$$\left[\frac{d(\Delta G^0/T)}{d(1/T)}\right]_P = \Delta H^0$$

이다. 식 (5.12)로부터 ΔG^0 값을 대신 $\Delta G^0 = -RT\ln K$ 식을 대입하면

$$\left[\frac{d(-RT\ln K/T)}{d(1/T)}\right]_P = \Delta H^0$$

라 쓸 수 있고 온도 T를 제거하면

$$\left[\frac{d(\ln K)}{d(1/T)}\right]_P = -\frac{\Delta H^0}{R} \qquad \cdots(5.14)$$

이 되고 이 식에서 d(1/T)를 dT로 바꾸면

$$\left[\frac{d(\ln K)}{dT}\right]_P = \frac{\Delta H^0}{RT^2} \qquad \cdots(5.15)$$

라는 식을 얻을 수 있는데 위의 방정식을 반트호프 방정식(Van't Hoff equation)이라 부른다.

따라서 이 식으로부터 주어진 온도에서 엔탈피 변화 값을 알면 평형 상수를 구할 수 있다. 식 (5.15)의 물리적 의미를 알아보면 만약 $\Delta H^0 > 0$이면 평형 상수는 온도가 증가함에 따라 증가하지만 $\Delta H^0 < 0$이라면 온도가 증가함에 따라 평형 상수는 감소함을 알 수 있다. 이 경우는 ΔH값이 온도에 의존하지 않아 온도에 따라 변하지 않는다고 가정하였을 때 반트호프 방정식에서 단순한 의미를 알아본 것이지만 실제 시스템에서 ΔH값은 대부분 온도의 함수이어서 주의해야 한다. 따라서 실제로는 ΔH 값이 온도에 따라 변하므로 그럼 이러한 경우에 어떻게 평형상수 값을 구할 수 있는지 알아보자.

▶ 반트호프 방정식의 적분(Integration of Van't Hoff Equation)

식 (5.14)로부터 평형상수 K는 좌변에, 온도 T는 우변으로 놓으면

$$-Rd(\ln K) = \Delta H^0 d(1/T) \qquad \cdots(5.16)$$

으로 쓸 수 있고 이때 ΔH^0는 온도에 무관하지 않고 온도에 따라 변한다고 가정하면, 이 식을 적분하기 위해선 ΔH^0값을 온도에 의존하는 부분으로 나타내기 위해 키르히호프 방정식(Kirchhoff equation)을 사용하여 형태를 바꾸어 주어야 한다.

$$\left(\frac{\partial \Delta H}{\partial T}\right)_P = \Delta C_P$$

이때 C_p가 일반적으로 온도에 따라 아래와 같은 형식을 갖는다고 가정한다. 물론 이 형태는 아무렇게 쓴 것은 아니고 철저히 주어진 재료들을 실제 측정해 보면 아래와 같은 형태로 값을 나타낼 수 있으므로 그것을 일반화하여 표현할 수 있다.

$$C_p = a + bT - cT^{-2}$$

이므로

$$\left(\frac{\partial \Delta H}{\partial T}\right)p = \Delta a + \Delta bT - \Delta cT^{-2}$$

이것은 $$d\Delta H = (\Delta a + \Delta bT - \Delta cT^{-2})dT$$

로 쓸 수 있고 화학반응에 참여하는 반응물과 생성물들이 모두 표준상태(standard state)에 있다면

$$d\Delta H^0 = (\Delta a + \Delta bT - \Delta cT^{-2})dT$$

라고 쓸 수 있다.

위 식을 온도에 대해 적분하면

$$\Delta H^0 = \Delta aT + \frac{\Delta b}{2}T^2 + \frac{\Delta c}{T} + \Delta H_0 \qquad \cdots (5.17)$$

되고, 여기서 ΔH_0는 적분 상수이다. 이렇게 얻은 식 (5.17)을 식 (5.16)에 대입하면

$$-Rd(\ln K) = \Delta aTd\left(\frac{1}{T}\right) + \frac{\Delta b}{2}T^2 d\left(\frac{1}{T}\right) + \frac{\Delta c}{T}d\left(\frac{1}{T}\right) + \Delta H_0 d\left(\frac{1}{T}\right)$$

이 되고, $d\left(\frac{1}{T}\right) = -\frac{dT}{T^2}$이므로 이 값을 위 식에 넣으면

$$-Rd(\ln K) = -\Delta a\frac{dT}{T} - \frac{\Delta b}{2}dT - \Delta c\frac{dT}{T^3} + \Delta H_0 d\left(\frac{1}{T}\right)$$

가 되면 위 식을 온도에 대해 적분하면

$$-R\ln K = -\Delta a\ln T - \frac{\Delta b}{2}T + \frac{\Delta c}{2T^2} + \frac{\Delta H_0}{T} + I$$

라 쓸 수 있다. 여기서 I도 적분 상수이다. 따라서 위 식을 적분상수항과 아닌 항으로 재배열하면

$$-R\ln K + \Delta a \ln T + \frac{\Delta b}{2}T - \frac{\Delta c}{2T^2} = \frac{\Delta H_0}{T} + I \qquad \cdots (5.18)$$

쓸 수 있는데, 이때 좌변을 Σ로 표현하고 이 식을 열역학적으로 시그마 함수(sigma function)라 한다.

$$\Sigma = -R\ln K + \Delta a \ln T + \frac{\Delta b}{2}T - \frac{\Delta c}{2T^2} \qquad \cdots (5.19)$$

식 (5.18)은 2개의 미지수 적분 상수를 포함하고 있어서 임의의 온도에서 반응의 평형상수 값은 주어진 2개의 서로 다른 온도에서의 평형상수 값들과 반응물과 생성물의 C_p값을 알고 있다면 이 식으로부터 계산할 수 있다.

문제 5.C

아래 산화니켈의 분해 반응에 대한 평형 상수값들은 527℃(800K)와 727℃(1000K)에서 각각 1.514×10^{-11}, 2.355×10^{-8}이다.

$$NiO = Ni + \frac{1}{2}O_2$$

주어진 정보로부터 627℃(900K)에서의 평형 상수를 계산하여라.

$C_{p,NiO} = 11.18 + 2.02 \times 10^{-3}T cal/\deg/mol$

(292°(565K)C에서 1527℃(1800K)까지)

$C_{p,Ni} = 7.10 + 1.0 \times 10^{-3}T - 2.23 \times 10^5 T^{-2} cal/\deg/mol$

(357℃(630K)에서 녹는점까지)

$C_{p,O_2} = 7.16 + 1.0 \times 10^{-3}T - 0.4 \times 10^5 T^{-2} cal/\deg/mol$

(20℃(293K)에서 2727℃(3000K))

풀 이 그럼 반응의 열용량 변화 값은 다음처럼 쓸 수 있다.

$$NiO = Ni + \frac{1}{2}O^2$$

$$C_p = \Sigma C_{p,product} - \Sigma C_{p,reactant}$$

$$= C_{p,Ni} + \frac{1}{2} C_{p,O_2} - C_{p,NiO}$$

주어진 정보에서 적합한 값을 대입하면

$$C_p = (7.10 + 1.0 \times 10^{-3} T - 2.23 \times 10^5 T^{-2})$$

$$+ \frac{1}{2}(7.16 + 1.0 \times 10^{-3} T - 0.4 \times 10^5 T^{-2})$$

$$- (11.18 + 2.02 \times 10^{-3} T)$$

$$= -0.5 - 0.52 \times 10^{-3} T - 2.43 \times 10^5 T^{-2}$$

따라서 $\Delta a = -0.5$, $\Delta b = -0.52 \times 10^{-3}$, $\Delta c = 2.43 \times 10^5$ 이다. 위 값을 식 (5.18)에 대입하고 자연로그를 일반 로그로 바꾸어주면

$$-4.575 \log K - 2.303 \times 0.5 \log T - \frac{0.52 \times 10^{-3}}{2} T - \frac{2.43 \times 10^5}{2T^2}$$

$$= \frac{\Delta H_0}{T} + I \qquad \cdots (5.C.1)$$

또는

$$-4.575 \log K - 1.151 \log T - 0.26 \times 10^{-3} T - \frac{1.215 \times 10^5}{T^2} = \frac{\Delta H_0}{T} + I$$

527℃(800K)에서의 평형 상수값 1.514×10^{-11}을 식 (5.C.1)에 대입한다.

$$-4.575 \log(1.514 \times 10^{-11}) - 1.151 \log 800 - 0.26 \times 10^{-3} \times 800 - \frac{1.215 \times 10^5}{800^2}$$

$$= \frac{\Delta H_0}{800} + I$$

간략화하면

$$\frac{\Delta H_0}{800} + I = 45.7611 \qquad \cdots (5.C.2)$$

동일하게, 727℃(1000K)에서의 평형 상수값 2.355×10^{-8}을 식 (5.C.1)에 대입하고 간략하게 정리하면

$$\frac{\Delta H_0}{1000} + I = 31.0655 \qquad \cdots (5.C.3)$$

식 (5.C.2)와 (5.C.3)로부터

$$\frac{\Delta H_0}{800} - \frac{\Delta H_0}{1000} = 14.6956,$$

또는

$$\Delta H_0 = \frac{800 \times 1000 \times 14.6956}{200}$$

$$= 58800$$

ΔH_0를 식 (5.C.3)에 대입한다.

$$58.80 + I = 31.0655$$

또는

$$I = -58.80 + 31.0655$$

$$= -27.734$$

627℃(900K)에 ΔH_0와 I를 대입하면

$$\log K = -9.046$$

로그를 제거하면,

$$K = 8.995 \times 10^{-10}$$

반트호프 방정식을 이용하면 재료의 열용량 값을 알고 2개의 온도에서 평형상수 값을 알고 있다면 내가 원하는 열처리 온도에서의 평형상수 값을 구할 수 있다. ■

5장 연습문제

1. 퓨개시티와 활동도에 대해 정의하라.

2. 평형 상수에 대해 정의하라.

3. 평형상수 값을 적용해서 알아낼 수 있는 정보는 무엇인가?

4. 르 샤틀리에의 법칙에 대해 기술하라.

5. 반트호프 방정식을 구하고 그 물리적 의미를 기술하라.

6. 시그마 함수를 유도하고 이 배경을 설명하라.

7. 다음 반응을 통해 몰리브덴 금속을 얻기 위한 평형 부분압을 계산하라.

$$MoS_2 = Mo + S_2$$

$$MoS_2 + 2H_2 = Mo + 2H_2S \quad ;K_1$$

$$2H_2S = 2H_2 + S_2 \qquad ;K_2$$

온도	800℃(1073K)	1000℃(1273K)
K_1	7.311×10^{-6}	1.439×10^{-3}
K_2	2.2×10^{-4}	5.6×10^{-3}

8 다음 반응에서 평형 상수와 산소의 평형 부분압을 계산하라. 1727℃(2000K)에서 반응의 정보는 다음과 같다.

$$ZrO_2 = Zr + O_2$$

$$\Delta G^0 = 259940 + 4.33\,T\log T - 59.12\,T cal$$

또한, 1727℃(2000K), $10^{-5} mmHg$(133×10^{-5}N/m²)의 진공에서 순수한 지르코니아 도가니의 분해 가능성을 예측하라.

9 산소를 함유하고 있는 질소를 가열된 구리 위로 통과시켜 질소 내의 산소를 제거하려 한다. 600℃(873K) 1기압하에서 평형이 이루어질 때 질소 내의 산소 분압을 계산하라.

$$2Cu + \frac{1}{2}O_2 = Cu_2O$$

$$\Delta G^0 = -39850 + 15.06\,T cal$$

10 다음 반응의 평형 상수 값을 계산하여라.

$$< NiO > + (H_2) = < Ni > + (H_2O)$$

750℃(1023K) 1기압하에서 다음의 정보가 있다.

$$< Ni > + \frac{1}{2}(O_2) = < NiO > \quad ; \Delta G^0 = -58450 + 23.55\,T cal$$

$$(H_2) + \frac{1}{2}(O_2) = (H_2O) \quad ; \Delta G^0 = -58900 + 13.1\,T cal$$

순수한 니켈 판이 750℃(1023K)에서 95% H_2O와 5% H_2의 부피 비를 갖는 분위기 하에서 어닐링될 때 산화가 일어나지 않을 수 있는가?

6 용액 1

Solution 1

지금까지 화학반응의 정보를 제공하던 열역학적 도구인 엔탈피, 엔트로피, 자유 에너지 등은 크기 성질이었다. 그리고 이런 도구들을 설명하는 과학적 도구는 자유도(degree of freedom)라는 온도, 압력, 조성 등과 같은 세기 성질이었다. 하지만 지금서부터 배울 용액(solution)의 경우 일정 압력과 일정 온도 조건하에서 서로 다른 물질들이 만나 새로운 단상 물질(homogeneous materials)을 형성할 때 구성물질의 분 몰량(partial molar quantity)이라는 개념과 그중 화학 포텐셜(chemical potential)이란 도구로 용액의 열역학적 성질을 이해하게 될 것이다.

분 몰량(partial molar quantity)이란 용액 전체의 열역학적 성질로부터 용액을 구성하는 물질들이 어떤 열역학적 성질을 가지는지를 설명하는 용어이다. 뿐만 아니라 분 몰량이라는 열역학적 성질 중 분 몰 자유에너지(partial molar free energy)를 μ라고 표시하고 이것을 화학 포텐셜(chemical potential)이라 하는데 화학 포텐셜은 온도, 압력은 물론 용액을 이루는 다른 성분들이 일정할 때 특정 성분의 조성 변화에 따른 용액 전체 자유 에너지 변화(molar free energy change)를 의미한다.

이 절은 이 개념들을 이용하여 우리가 새로운 용액 재료를 개발할 때 용액을 구성하는 구성성분들의 열역학 성질이 합쳐져서 새로운 용액의 물성을 이해하고자 했던 과학자들의 바람으로부터 출발하였으며, 또 역으로 누가 만든 새로운 용액 전체의 열역학 물성으로부터 용액을 구성하는 성분들의 열역학 성질을 유추하고자 했던 것의 바람으로 시작되었다. 그것을 완성하기 위해 용액 분야에서 더 정확한 열역학적 성질을 이론적으로 알아내기 위한 더 많은 연구가 현재 진행되고 있으나 이 장에선 이상적인(ideal) 혹은 이상과 유사한 특별한 조건하에서 열역학적 용액을 공부해 보고 그것을 산업체 적용하여 응용한 사례들을 배우고자 한다.

6.1 개요(Introduction)

용액(solution)의 정의

용액(solution)이란 고체든 액체이든 기체든 형태에 관계없이 2가지 이상의 다른 화학 물질로 구성된 균질 단일상(homogeneous single phase)을 말한다. 말이 어렵게 느껴지겠지만 균질 단일상이란 서로 다른 두 개 이상의 재료가 만나 초기 재료들의 성질들이 나타내지 않고 완전히 새롭고 독특한 성질을 갖는 재료를 말한다. 따라서 용액은 재료학의 꽃이기도 하다. 만약 두 개의 재료를 섞었을 때 두 재료 물성이 가산적으로만 나타난다면 현재 재료학에선 더 이상 새로운 재료를 만들 수 없었을 것이다. 그리고 이성분계 용액(binary solution)을 기준으로 용액(solution)은 용매(solvent)와 용질(solute)로 구성되어 있으며 용매와 용질은 용액을 구성하는 상들의 양을 기준으로 역할을 구분한다. 이때 양이 많은 것을 용매라 하고, 양이 적은 것을 용질이라 한다. 이 개념은 액체와 고체처럼 서로 다른 상을 섞어 만들 때는 용매와 용질을 쉽게 구분하지만 섞이는 두 재료가 고체로 같은 상이라면 이 개념은 매우 중요하다. 또한 소금물은 용액일까? 아닐까? 소금물은 용액(solution)이 아니고 이런 물질을 우린 화학적 화합물(chemical compound)이라 한다. 용액과 화학적 화합물의 차이는 섞인 상태의 물질에 구성 물질의 특성이 남아 있으면 화학적 화합물이고 섞인 상태의 물질에서 구성 물질의 특성을 전혀 알아차릴 수 없다면 그 재료는 용액이다. 소금과 물로 이루어진 소금물은 소금과 물 모두의 특성이 남아 있어 화학적 화합물이라 하지만 용액의 예로 SiC의 경우처럼 실리콘과 탄소로 구성되어 있지만 SiC 물성 내에 실리콘과 탄소의 물성이 남아 있지 않아 이 재료는 용액이라 할 수 있다.

우리의 목표는 용액(solution)을 구성하는 서로 다른 화학물질의 열역학적 성질을 활용하여 용액의 최종 열역학 성질의 결과를 최대로 예측해보는 것과 새로 개발된 용액의 성질로부터 구성성분들의 열역학적 성질을 역으로 유추하는 데 있다. 하지만 이것은 우리의 바람일 뿐 실제 시스템에서는 오차가 너무 커서 열역학 성질의 결과를 알 수 없는 것이 현실이나 희석용액(dilute solution)과 이상 용액(ideal solution) 등과 같은 어떤 특별한 경우에선 용액의 열역학 성질의 결과를 예상할 수도 있다. 희석용액(dilute solution)이란 용매(solvent)가 대부분을 차지하고 아주 적은 양의 용질(solute)을 갖고 있는 용액을 말하며, 이 용액은 용매의 성질이 대부분이어서 용질의 영향력이 적은 용액을 말한다. 따라서 용매의 성질로 용액의 성질을 유추해볼 수 있게 된다. 이상 용액(ideal solution)은 구성성분인 용매와 용질이 서로 영향력을 주지 않아 용액의 최종 열역학 성질의 결과가 용매와 용질의 열역학적 성질의 합, 즉 물성이 가산적으로 나타나는 용액을 말한다. 마치 이 용액은 화학적 화합물의 성질과 유사하다. 이 이상 용액에 대해선 6.2절에서 자세히 다룰 것이다.

용액의 조성을 표시하는 방법

그럼 2개 이상의 구성물질로 이루어진 용액의 조성을 표시하는 방법에 대해 알아보자. 많은 화학책이나 논문을 볼 때 용액의 조성을 표시하는 방법이 쓰는 이마다 제각각임을 알 수 있는데 그 표시 방법으로 3가지가 있다. 이들은 서로 혼용하여 쓰이고 있어서 내 조건에 맞게 서로 바꾸어 사용할 수 있어야 하므로 각 표시방법들을 정확하게 숙지하고 있어야 한다. 그래야 실제로 실험을 하거나 회사에 가서 재현시 정확한 조성을 맞추어 용액을 만들 수 있게 된다.

그럼 n개의 구성물질들이 모여 만들어진 용액이 있다고 생각하자.

1. 원자백분율(atomic percent)로 용액의 조성을 표시하는 방법

$n_1, n_2, \cdots, n_i, \cdots, n_n$은 용액을 구성하는 각 성분의 *g-atoms* 수라 하자. 이때 i성분의 원자백분율($atom\%\,i$)은 용액을 구성하는 각 성분의 *g-atoms* 수 값의 합 분에 i성분의 *g-atoms* 수 곱하기 100으로 나타내며 따라서

$$atom\%\,i = \frac{n_i}{n_1 + n_2 + \cdots + n_i + \cdots + n_n} \times 100$$

으로 표시할 수 있다.

2. 중량백분율(weight percent)로 용액의 조성을 표시하는 방법

$w_1, w_2, \cdots, w_i, \cdots, w_n$은 용액을 구성하는 각 성분의 중량(weight)이라 하자. 이때 i성분의 중량백분율($wt\%\,i$)은 용액을 구성하는 각 성분의 중량 값의 합 분의 i성분의 중량 곱하기 100으로 표시한다.

$$wt\%\,i = \frac{w_i}{w_1 + w_2 + \cdots + w_i + \cdots + w_n} \times 100$$

그러나 이 두 방법은 서로 연관되어 있어 서로 변환이 가능하다.

이성분계 A-B 용액(A-B binary solution)의 경우 원자백분율(atomic percent)과 중량백분율(weight percent)과의 관계는 다음과 같다.

원자백분율(atomic percent)을 중량백분율(weight percent)로 나타내면(a → W)

$$wt\%\,A = \left[\frac{atom\%\,A \times at\,wt\,A}{atom\%\,A \times at\,wt\,A + atom\%\,B \times at\,wt\,B}\right] \times 100 \quad \cdots (6.1)$$

이고, 중량백분율(weight percent)을 원자백분율(atomic percent)로 나타내면(W → a)

$$atom\%\,A = \left[\frac{\dfrac{wt\%\,A}{at\,wt\,A}}{\dfrac{wt\%\,A}{at\,wt\,A}+\dfrac{wt\%\,B}{at\,wt\,B}}\right]\times 100 \qquad \cdots(6.2)$$

즉 여러분이 잊어버리지 않기 위해선 알파벳 a → W로 갈 땐 중량을 곱하기로, 알파벳 W → a로 변환 시에는 중량을 나누기로 알면 절대 혼동되지 않을 것이다.

3. 몰분율(mole fraction), 원자분율(atomic fraction)로 용액의 조성을 표시하는 방법

몰분율이란 용액을 구성하는 특정 물질의 *g-mole* 수를 용액(solution)을 구성하는 모든 물질의 총 *g-mole* 수로 나눈 값으로 정의된다. 이때 구성성분 1,2,...i....n의 *g-mole*수가 $n_1, n_2, \cdots, n_i, \cdots, n_n$으로 구성된 다성분계 용액(multi component solution)에서 i 성분의 몰분율 X_i는

$$X_i = \frac{n_i}{n_1 + n_2 + \cdots + n_i + \cdots + n_n} \qquad \cdots(6.3)$$

로 표시한다. 단 이 경우 모든 성분의 몰분율의 합은 항상 1이 되는 것에 유의해야 한다.

$$X_1 + X_2 + \cdots + X_i + \cdots + X_n = 1 \qquad \cdots(6.4)$$

이 3가지 이외에도 제철소에 취업하는 친구들은 **이온분율(ionic fraction)**이라는 조성 표시방법도 경험하게 될 터인데 이온분율이란 보통 쇳물 속 슬래그(slag)의 조성을 표시할 때 사용한다. 이온 i의 이온분율(ionic fraction)은 특정이온 i의 *g-ions* 수를 양이온과 음이온 모든 부호 전체 *g-ions* 수로 나눈 값을 말한다.

$$I_i = \frac{I_i}{I_i(+) + I_j(-)}$$

문제 6.A

어떤 $Al-Mg$ 합금이 91.5atom%의 Al을 함유하고 있다. 합금의 조성을 wt%로 표시하라. Al과 Mg의 원자량은 각각 26.98과 24.32이다.

풀이 $Al-Mg$ 합금이 91.5atom%의 Al을 포함하고 있으므로 Mg는 8.5atom%이다. atom%를 wt%로 변환하기 위해서 식 (6.1)을 적용한다.

$$wt\%\ Al = \frac{91.5 \times 26.98}{91.5 \times 26.98 + 8.5 \times 24.32} \times 100$$
$$= 92.27$$

$$wt\%\ Mg = (100 - 92.27)$$
$$= 7.73$$

■

6.2 이상 용액(Ideal Solution)

이상 용액(ideal solution)은

1. 구성 성분 간에 상호작용(attraction)이나 반발작용(repulsion)이 없어 용액 형성 시 내부 에너지 변화가 없고,
2. 마찰이 존재하지 않아 혼합 시 열 효과(thermal effect)가 없으며,
3. 구성성분들의 물리적 성질이 가산적으로 나타나는 용액을 말한다.

이상 용액에서 가장 중요한 점은 구성성분들의 물리적 성질이 가산적이라는 것이다. 용액은 서로 다른 물질 A, B가 결합해서 A, B와 전혀 다른 성질을 나타나는 것인데 이상 용액은 A, B의 물리적 성질이 가산적으로 나타나므로 소금물과 같은 화학적 화합물처럼 구성성분들의 물성이 가상적이라 쉽게 구성성분들의 물성으로부터 용액의 물성을 예측할 수 있는 경우라 하겠다.

6.3 분몰량(Partial Molar Quantity)

새로 탄생된 용액의 구성성분 중 특정성분의 열역학적 성질이 전체 용액의 물성에 어떻게 기여하였는지가 궁금하여 용액 내 특정 구성 성분의 열역학적 성질에 자주 관심을 갖게 되는데

새로 탄생된 그 용액의 총 열역학적 물성을 몰량(molar quantity)이라 하고 각 구성 성분의 열역학적 물성을 분몰량(partial molar quantity)이라 한다.

성분 1, 2, $\cdots$, i, $\cdots$의 $g-mole$ 수가 n_1, n_2, $\cdots$, n_i, $\cdots$인 용액의 크기 상태 함수(예를 들면 V, H, S, G)의 총 값을 Z'라고 할 때 Z'는 자유도인 온도, 압력 그리고 구성요소들의 양 n_1, n_2, $\cdots$, n_i, $\cdots$에 관한 함수라고 생각할 수 있고, 이 값들은 크기 성질이다.

$$Z' = f(T, P, n_1, n_2, \cdots, n_i, \cdots)$$

위 식의 전미분(total differential)은 아래와 같이 표현된다. 이때 자유도의 나머지 변수는 일정하다고 하고 우리가 알고자 하는 자유도 변수에 따른 크기 상태 함수의 변화로 나타낼 수 있다. 그럼 dZ'는

$$\begin{aligned} dZ' = &\Bigg[\left(\frac{\partial Z'}{\partial T}\right)_{P, n_1, n_2, \cdots} dT + \left(\frac{\partial Z'}{\partial P}\right)_{T, n_1, n_2, \cdots} dP + \left(\frac{\partial Z'}{\partial n_1}\right)_{T, P, n_2, n_3, \cdots} dn_1 \\ &+ \left(\frac{\partial Z'}{\partial n_2}\right)_{T, P, n_1, n_3, \cdots} dn_2 + \ldots + \left(\frac{\partial Z'}{\partial n_i}\right)_{T, P, n_1, \ldots, n_{i-1}, n_{i+1}} dn_i + \ldots\Bigg] \\ = &\Bigg[\left(\frac{\partial Z'}{\partial T}\right)_{P, n_1, n_2, \cdots} dT + \left(\frac{\partial Z'}{\partial P}\right)_{T, n_1, n_2, \cdots} dP + \overline{Z_1}\, dn_1 + \overline{Z_2}\, dn_2 + \ldots. + \overline{Z_i}\, dn_i + \ldots\Bigg] \end{aligned} \quad \cdots \quad (6.5)$$

이다. 따라서 i성분을 제외한 모든 자유도 변수는 일정하다고 가정하면 용액을 구성하는 특정 구성 재료의 양에 따른 크기 상태 함수의 변화인 $\overline{Z_i}$값은

$$\overline{Z_i} = \left(\frac{\partial Z'}{\partial n_i}\right)_{T, P, n_1, n_2, \cdots, n_{i-1}, n_{i+1}, \cdots}$$

라 쓸 수 있고, **이때 $\overline{Z_i}$를 용액을 구성하는 i 성분의 분몰성분(partial molar property)이라 한다. 이 값은 온도와 압력이 일정할 때 용액에서 특정성분의 열역학적 성질을 말한다.**

부언해서 설명해보면 지금까지 화학반응의 정보를 제공했던 열역학적 도구인 엔탈피, 엔트로피, 자유 에너지 등은 크기 성질(extensive property)이었고 이런 성질들을 설명하는 과학적 도구인 자유도(degree of freedom)는 온도, 압력, 조성 등과 같은 세기성질(intensive property)이었다. 하지만 지금서부터 배울 용액의 경우 일정 압력과 일정 온도 조건하에서 서로 다른

물질들이 만나 새로운 균일 단상 재료(homogeneous single phase materials)를 만들 때 구성물질의 분몰량(partial molar quantity)이라는 개념과 화학적 포텐셜이란 도구로 용액의 열역학 성질을 이해하게 될 것이다. 분몰량이란 용액 전체의 열역학적 성질로부터 용액을 구성하는 물질들이 어떤 열역학적 성질을 가지는지를 설명하는 용어이다. 뿐만 아니라 분몰량이라는 열역학적 성질 중 분몰 자유에너지(partial molar free energy)를 μ라고 표시하고 이것을 화학적 포텐셜(chemical potential)이라 하는데 화학적 포텐셜은 온도, 압력 물론 용액을 이루는 다른 성분들이 조성이 일정할 때 특정 성분의 조성 변화에 따른 용액 전체 몰 자유에너지 변화(molar free energy change)를 의미한다.

▶ 분몰성분(partial molar property)의 정의

① i 성분을 제외한 모든 성분과 온도, 압력이 일정하게 유지된 시스템에 무한 소량 성분 i를 첨가하여 변화를 줄때 크기 성질, Z의 변화속도로 정의하며,
② 분몰성분(partial molar property)은 자유도의 다른 변수들처럼 세기 성질(intensive property)이다. 반면 몰성분(molar property)은 물론 크기성질(extensive property)이라 하였다.

온도와 압력이 일정한 시스템에서 크기성질의 총 값 Z'은 용액을 구성하는 모든 성분의 분몰성분에 그 성분의 g-atom수를 곱한 값을 모두 더하여 구할 수 있다.

$$Z' = \sum n_i \overline{Z_i} \qquad \cdots (6.6)$$

뿐만 아니라 계의 몰당 크기성질의 값 Z는 용액을 구성하는 모든 성분의 분몰성분에 그 성분의 몰분율 곱한 값을 모두 더하여 구할 수 있다.

$$Z = \sum X_i \overline{Z_i} \qquad \cdots (6.7)$$

이때 X_i는 성분 i의 몰분율(mole fraction)이다.

식 (6.7)을 풀어서 기술하면 Z는 크기 성질이라 하였고, 이 성질에는 V,H,S,G 등이 있으므로, 다음과 같이 기술할 수 있다.

$$V = X_1 \overline{V_1} + X_2 \overline{V_2} + \cdots + X_i \overline{V_i} + \cdots$$

$$H = X_1\overline{H_1} + X_2\overline{H_2} + \cdots + X_i\overline{H_i} + \cdots$$

$$S = X_1\overline{S_1} + X_2\overline{S_2} + \cdots + X_i\overline{S_i} + \cdots$$

$$G = X_1\overline{G_1} + X_2\overline{G_2} + \cdots + X_i\overline{G_i} + \cdots$$

이때 V, H, S, G는 각각 몰 부피(molar volume), 몰 엔탈피(molar enthalpy), 몰 엔트로피(molar entropy), 물 자유 에너지(molar free energy)를 말한다. 특히 그중 분몰 자유에너지(partial molar free energy)를 μ라고 표시하고 이것을 화학적 포텐셜(chemical potential)이라 한다.

$$\overline{G} = \mu$$

다양한 분몰량은 앞에서 배웠던 여러 열역학적 관계식에도 똑같이 적용하여 사용할 수 있다. 만약 용액에서 성분 i를 기준으로 표현해 보면

$$\overline{G_i} = \overline{H_i} - T\overline{S_i} \qquad \cdots (6.8)$$

$$\left(\frac{\partial \overline{G_i}}{\partial T}\right)_P = -\overline{S_i} \qquad \cdots (6.9)$$

$$\left[\frac{\partial(\overline{G_i}/T)}{\partial(1/T)}\right]_P = \overline{H_i} \qquad \cdots (6.10)$$

$$\left(\frac{\partial \overline{G_i}}{\partial P}\right)_T = \overline{V_i} \qquad \cdots (6.11)$$

$$d\overline{G_i} = RTd\ln a_i \qquad \cdots (6.12)$$

라 표현할 수 있다.

6.4 깁스 - 듀헴 방정식(Gibbs - Duhem Equation)

몰량(molar quantity)으로부터 분몰량(partial molar quantity)을 구하기 위해서는 깁스 - 듀헴 방정식(Gibbs - Duhem equation)을 사용한다. 결론부터 말하자면 일정한 압력, 일정한 온도하에서 어떤 임의의 크기 성질 함수의 깁스 - 듀헴 방정식은

$$\sum X_i d\overline{Z_i} = 0 \quad \cdots (6.13)$$

로 표시되고, 일정한 온도와 일정한 압력을 가지는 이성분계 A - B 용액에선 깁스 - 듀헴 방정식을 다음과 같이 쓸 수 있다.

$$X_A d\overline{Z_A} + X_B d\overline{Z_B} = 0 \quad \cdots (6.14)$$

▶ 깁스 - 듀헴 방정식(Gibbs - Duhem equation)의 유도

식 (6.5)을 분몰량(Partial molar quantity)으로 나타내면

$$dZ = \left[\left(\frac{\partial Z'}{\partial T} \right)_{P,\, X_1,\, X_2, \cdots} dT + \left(\frac{\partial Z'}{\partial P} \right)_{T,\, X_1,\, X_2, \cdots} dP + \overline{Z_1}\, dX_1 + \overline{Z_2}\, dX_2 + \cdots + \overline{Z_i}\, dX_i + \cdots \right]$$

된다 하였고, 일정 압력과 일정 온도하에서 이성분계 A - B 용액으로 축소하면 아래와 같이 표현된다.

$$dZ = \overline{Z_A}\, dX_A + \overline{Z_B} d X_B \quad \cdots ①$$

식 (6.7)을 이용하여 이성분계 A - B용액(A - B binary solution)에서 만약 계의 몰당 크기 성질의 값을 Z라 하면 $Z = \sum X_i \overline{Z_i}$라 쓸 수 있다고 하였으므로

$$Z = \overline{Z_A} X_A + \overline{Z_B} X_B$$

이 되고, 위 식을 완전미분하면

$$dZ = \overline{Z_A}\, dX_A + X_A d\overline{Z_A} + \overline{Z_B} d X_B + X_B d\overline{Z_B} \quad \cdots ②$$

라 쓸 수 있다.

따라서 ① = ② 라면

$$\overline{Z_A}\, dX_A + X_A d\overline{Z_A} + \overline{Z_B} d X_B + X_B d\overline{Z_B} = \overline{Z_A}\, dX_A + \overline{Z_B} d X_B$$

이므로

$$\therefore \quad X_A d\overline{Z_A} + X_B d\overline{Z_B} = 0$$

이와 같이 깁스 - 듀헴 방정식을 증명할 수 있다.

Z는 부피, 엔탈피, 엔트로피, 자유 에너지와 같이 여러 성분의 크기 함수로 표시할 수 있기 때문에, 이성분계 A-B 용액에서 깁스-듀헴 방정식은 다음과 같은 몇 형태들로 표현될 수 있다.

$$X_A d\overline{V_A} + X_B d\overline{V_B} = 0 \quad \cdots (6.15)$$

$$X_A d\overline{H_A} + X_B d\overline{H_B} = 0 \quad \cdots (6.16)$$

$$X_A d\overline{S_A} + X_B d\overline{S_B} = 0 \quad \cdots (6.17)$$

$$X_A d\overline{G_A} + X_B d\overline{G_B} = 0 \quad \cdots (6.18)$$

6.5 몰량으로부터 분몰량 구하기 (Determination of Partial Molar Quantities from Molar Quantities)

앞에서 깁스-듀헴 방정식을 배운 것은 결국 여러 구성물질로 만들어진 용액의 열역학적 성질인 몰량(molar quantities)의 측정값으로부터 용액을 이루고 있는 각 구성성분의 열역학적 성질인 분몰량을 유추하여 알아내기 위함이다. 그럼 몰량의 측정값으로부터 어떻게 분몰량을 구할 수 있는지 알아보자. 몰량, Z로부터 용액을 이루고 있는 각 구성성분의 열역학적 성질인 분몰량 $\overline{Z_A}$ 와 $\overline{Z_B}$값은 분석적 방법(analytic method)과 도식적 방법(graphical method)으로 구할 수 있다.

① 몰량(molar quantities) Z로부터 분몰량(partial molar quantities) $\overline{Z_A}$ 와 $\overline{Z_B}$를 분석적 방법(analytic method)으로 구해보면,

이성분계 A-B 용액(A-B binary solution)에서 분몰량 $\overline{Z_A}$ 와 $\overline{Z_B}$는 몰량 Z와 아래와 같은 관계식으로부터 구할 수 있다. 이 식이 어떻게 나왔는지는 다음에 증명을 해보도록 하고

$$\overline{Z_A} = Z + (1 - X_A)\left[\frac{dZ}{dX_A}\right]_{X_B} \quad \cdots (6.19)$$

그리고

$$\overline{Z_B} = Z + (1 - X_B)\left[\frac{dZ}{dX_B}\right]_{X_A} \quad \cdots (6.20)$$

라 쓸 수 있어 Z값이 실험식(empirical expression)으로 주어지면 식 (6.19)와 (6.20)을 이용해 계산이라는 분석적인 방법(analytic method)을 통해 $\overline{Z_A}$ 와 $\overline{Z_B}$를 구할 수 있다.

② **도식적 방법(graphical method)으로 몰량(molar quantities) Z로부터 분몰량(partial molar quantities) $\overline{Z_A}$ 와 $\overline{Z_B}$값을 구해보면**

만약 용액 전 조성에서 Z의 값을 알고 있어 구성물질의 조성에 따른 Z값의 변화를 그래프로 그릴 수 있다면 도식적인 방법(graphical method)을 이용해 분몰량 값 $\overline{Z_A}$ 와 $\overline{Z_B}$를 구할 수 있다.

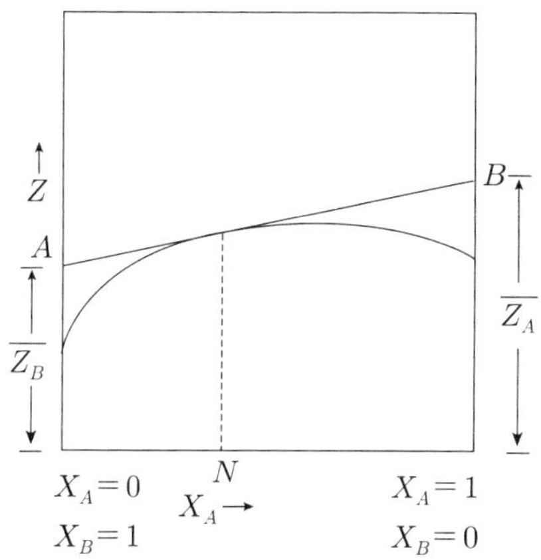

그림 6.1. 도식적 방법으로 몰량으로부터 분몰량 구하기

이때 사용하는 도식적 방법을 우린 TIP(tangent intercept principle)라고 한다. 이 방법은 어느 한 성분의 조성(몰분율)을 X축으로, 용액의 열역학적 성질인 몰량(molar quantities) Z를 Y축으로 하여 그래프를 그린다. 그 다음, 알고자 하는 조성에서 그래프 곡선에 접선을 그린 후 접선이 각각 $X_A = 1$과 $X_B = 1$인 축과의 만난 교차점이 바로 $\overline{Z_A}$ 와 $\overline{Z_B}$의 값이 된다.

▶ 분석적 방법(analytic method)의 증명

분석적 방법에서 알려주었던 식 (6.19)와 식 (6.20)이 어떻게 나왔는지 증명해 보면 일정한 온도와 일정한 압력하에서 1몰의 이성분계 A-B 용액에 대해 A, B성분에 대한 분몰 자유에너지(partial molar free energy)를 유도해 보자.

일반적으로 온도와 압력이 일정한 이성분계 A-B 용액에 대해서

$$G' = n_A \overline{G_A} + n_B \overline{G_B}$$

라 쓸 수 있고, 1몰의 용액이라면

$$G = X_A \overline{G_A} + X_B \overline{G_B} \qquad (6.5.1)$$

라 쓸 수 있으며 이 식을 완전미분하면

$$dG = X_A d\overline{G_A} + \overline{G_A} dX_A + X_B d\overline{G_B} + \overline{G_B} dX_B$$

와 같이 쓸 수 있다. 이때 첫 번째와 세 번째 항의 합이 깁스-듀헴 방정식이므로 그 값은 0이 되고, 위 식은

$$dG = \overline{G_A} dX_A + \overline{G_B} dX_B \qquad \cdots (6.5.2)$$

된다. 그런데 $X_A + X_B = 1$이므로

$$dX_B = -dX_A \qquad \cdots (6.5.3)$$

와 같고, 식 (6.5.3)을 식 (6.5.2)에 대입하면

$$dG = \overline{G_A} dX_A - \overline{G_B} dX_A$$

되며 dX_A로 묶어서 좌변으로 옮기면

$$\frac{dG}{dX_A} = \overline{G_A} - \overline{G_B}$$

가 된다. 이 식 양변에 X_B을 곱해주면

$$X_B \frac{dG}{dX_A} = X_B \overline{G_A} - X_B \overline{G_B} \qquad \cdots (6.5.4)$$

되고, 식 (6.5.1)을 식 (6.5.4)에 대입하면

$$X_B \frac{dG}{dX_A} = X_B \overline{G_A} - G + X_A \overline{G_A}$$

되며 G를 좌변으로 넘기면

$$G + X_B \frac{dG}{dX_A} = X_B \overline{G_A} + X_A \overline{G_A}$$

$$= \overline{G_A}\,(X_A + X_B)$$

됨에 따라

$$\overline{G_A} = G + X_B \frac{dG}{dX_A} = G + (1 - X_A)\left[\frac{dG}{dX_A}\right]_{X_B} \quad \cdots (6.5.5)$$

라 쓸 수 있고, $\overline{G_B}$도 마찬가지로

$$\overline{G_B} = G + X_A \frac{dG}{dX_B} = G + (1 - X_B)\left[\frac{dG}{dX_B}\right]_{X_A} \quad \cdots (6.5.6)$$

을 얻을 수 있다. 따라서 식 (6.19)와 식 (6.20)이 어떻게 나왔는지 잘 증명되었다.

▶ 도식적 방법(graphical method)의 증명

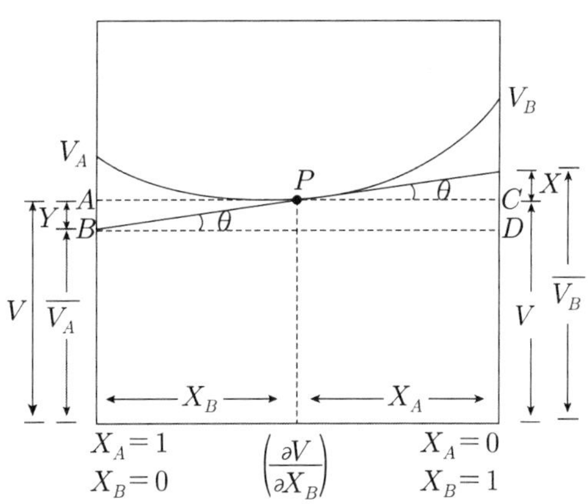

그림 6.2. 도식적 방법으로 몰량으로부터 분몰량 구하기 실예

이번엔 도식적 방법을 증명해보기 위해 크기 성질 중 부피라는 열역학적 성질을 예로 몰부피, V(volume)로부터 분몰량을 $\overline{V_A}$,와 $\overline{V_B}$를 도식적 방법으로 구하여 증명해 보자.

$$V = X_A \overline{V_A} + X_B \overline{V_B}$$

이므로 $X_B \overline{V_B}$ 항을 좌변으로 이항하면

$$V - X_B \overline{V_B} = X_A \overline{V_A}$$

된다.

이때 $\overline{V_B} = \left(\frac{\partial V}{\partial X_B}\right)_{P,\ T,\ X_A + X_B = 1}$ 이고 이 값을 그래프에서 보면 P점에서의 기울기를 나타내므로 P점에서의 접선을 기준으로 $\overline{AC}$와 $\overline{BD}$라는 2개의 평행선을 그어 Y축과 만난 점을 A, B, C, D라고 하자. $\overline{AC}$와 $\overline{BD}$는 평행선이므로 위의 그래프로 부터 다음과 같은 관계를 알 수 있다. 접선과 $\overline{AC}$와 $\overline{BD}$라는 평행선사이에 만나는 각 θ는 동위각으로 같으므로

$$\tan\theta = \frac{X}{X_A} = \frac{Y}{X_B}$$

라 할 수 있어 $\overline{V_B} = \left(\frac{\partial V}{\partial X_B}\right)_{P,\ T,\ X_A + X_B = 1}$ 값은 결국 P점에서의 기울기이므로 이 값은 $\tan\theta$ 값과 같다.

따라서 $\overline{V_B}$ 대신에 $\tan\theta$값인 $\frac{Y}{X_0}$값을 대입하면

$$V - X_B \overline{V_B} = X_A \overline{V_A}$$

$$V - X_B \cdot \frac{Y}{X_B} = X_A \overline{V_A}$$

$$V - Y = X_A \overline{V_A}$$

이 되고, $X_A = 1$일 때 결국 $V - Y = \overline{V_A}$가 된다.

같은 방법으로

$$V - X_A \overline{V_A} = X_B \overline{V_B}$$

$$\overline{V_A} = \left(\frac{\partial V}{\partial X_A}\right) = -\left(\frac{\partial V}{\partial X_B}\right)$$

이므로

$$V + X_A \cdot \frac{X}{X_A} = X_B \overline{V_B}$$

이 되고, $X_B = 1$일 때 결국 $V + X = \overline{V_B}$가 된다.

따라서 도식적 방법으로 주어진 몰량으로부터 분몰량 값을 구하는 원리를 증명해 보았다.

문제 6.B

700℃(973K)에서 $Zn-Cd$합금의 혼합 엔탈피변화값(mixing enthalpy change)이 다음과 같다.

X_{Cd}	0.1	0.2	0.3	0.4	0.5	0.6	0.7	0.8	0.9
ΔH^M	180	317	413	468	491	478	424	329	188

$Zn-Cd$합금이 Zn을 60atom% 함유할 때 Zn와 Cd의 혼합 분몰 엔탈피(mixing partial molar enthalpy) 값을 계산하여라.

풀 이

Zn와 Cd의 혼합 분몰 엔탈피 값을 구하기 위해 ΔH^M 대 X_{Zn}의 그래프를 그리고 $X_{Zn}=0.6$에서 접선을 그렸다.

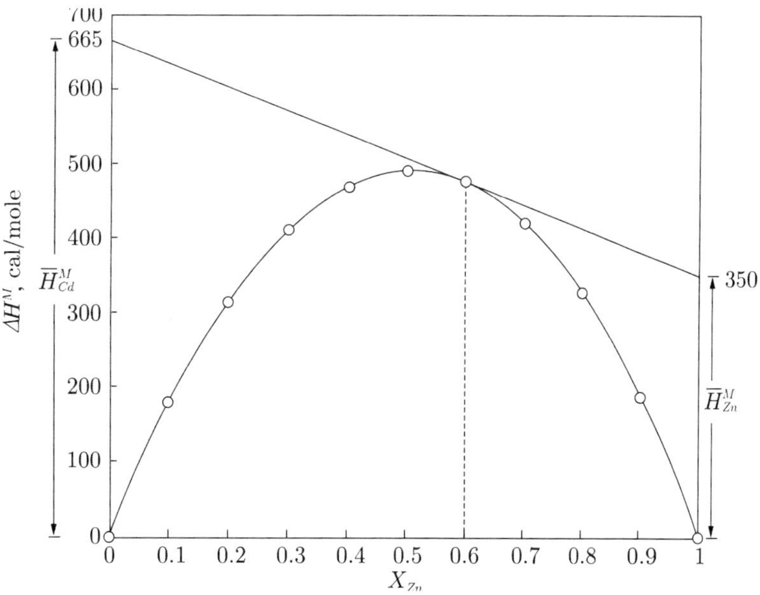

그림 6.3. $Zn-Cd$합금의 분몰 엔탈피의 도식적 결정

$\overline{H}^M_{Zn}$와 $\overline{H}^M_{Cd}$은 접선이 $X_{Zn}=1$과 $X_{Cd}=1$인 축과 만나는 접점으로 주어진다. 따라서 그래프로부터

$$\overline{H}^M_{Zn} = 350\,cal/mole$$

$$\overline{H}^M_{Cd} = 665\,cal/mole$$

■

문제 6.C

다음 반응에 의한 액상 황동의 몰 형성열(molar heat of formation)은 다음과 같이 표현될 수 있다. x가 아연의 몰분율일 때 액상 황동 내에서 아연과 구리의 분몰 형성열(partial molar heat of formation)을 나타내는 관계식을 구하라.

$$(1-x)\{Cu\} + x\{Zn\} = \{Cu-Zn\}$$

$$\Delta H^M = -7100\,x(1-x)\,cal$$

풀이 식 (6.19)와 (6.20)과 식 (6.5.3)을 이용하면

$$\Delta\overline{H_{Cu}^M} = \Delta H^M + (1-X_{Cu})\frac{d\Delta\overline{H^M}}{dX_{Cu}}$$

$$\Delta\overline{H_{Zn}^M} = \Delta H^M + (1-X_{Zn})\frac{d\Delta\overline{H^M}}{dX_{Zn}}$$

$$X_A + X_B = 1$$

$$1-X_{Cu} = X_{Zn} = x$$

$$dX_{Cu} = -dX_{Zn} = -dx$$

$$\begin{aligned}\Delta\overline{H_{Cu}^M} &= -7100x(1-x) - x\,\frac{d(-7100x(1-x))}{dx}\\ &= -7100x^2\,cal/mole\end{aligned}$$

$$\begin{aligned}\Delta\overline{H_{Zn}^M} &= -7100x(1-x) + (1-x)\,\frac{d(-7100x(1-x))}{dx}\\ &= -7100(1-x^2)\,cal/mole\end{aligned}$$

■

6.6 라울의 법칙(Raoult's Law) : 이상 용액(Ideal Solution)

현재 우리가 용액의 구성성분들의 열역학적 성질로부터 만들고자 하는 용액의 총 열역학적 성질이 어떤 성질로 나올지 유추하는 것은 불가능하다. 다만 내가 만든 용액의 물성이 왜 이렇게

나왔는지를 유추하거나 이해할 수 있는 용액은 매우 제한적인 용액에서 가능한데 그 용액은 이상 용액(ideal solution)이거나 혹은 실제 용액(real solution) 중 이상 용액처럼 거동하는 희석용액(dilute solution)의 경우이다. 이 용액들의 열역학적 분석이 중요한 이유는 용액을 구성하는 구성성분의 열역학적 성질인 분몰량(partial molar quantities)으로부터 유추할 수 있는 용액의 총 열역학적 성질인 몰량(molar quantities)을 아주 완벽하게 설명할 수 있고 그 반대의 경우도 가능한 용액이기 때문이다. 따라서 이상 용액이거나 혹은 이상 용액처럼 거동하는 희석용액의 열역학적 이해를 통해 라울(Raoult)과 헨리(Henry)의 법칙이 탄생하게 되었다. 이 두 법칙을 배우는 것이 왜 중요하냐면 이 두 법칙으로 실제 용액의 열역학적 성질을 이론적으로 이해하기 위한 기본 토대를 만들었기 때문이다. 뿐만 아니라 용액의 열역학적 성질을 설명할 때 용액을 구성하고 있는 용매와 용질 중 어떤 것을 기준으로 설명할 것인지 정하는 것은 매우 중요한 일이다.

그럼 이상 용액에서 용매를 기준으로 용액의 열역학적 거동을 설명하는 라울의 법칙(Raoult's law)부터 알아보도록 하자.

일단 라울의 법칙(Raoult's law)은 "이상 용액에서 순수한 용매가 나타내는 용매의 증기압은 용매에 용질이 첨가됨에 따라 상대적으로 낮아지게 되는데 그 값은 용액에 첨가된 용질의 몰분율 값과 같다."라 정의할 수 있다.

그럼 우선 A와 B 두 물질로 이루어진 이성분계 A-B 용액을 생각해보자. 이때 임의의 조성에서(섞여 있을 때) A와 B의 부분압(partial pressure)을 P_A와 P_B라고 하고 순수한 물질 A와 순수한 물질 B가 나타내는 증기압(vapor pressure; 두 재료를 혼합하기 전 재료 혼자 나타나는 증기압을 말한다.)을 P_A^0 와 P_B^0라고 하면 이상 용액에서 순수한 용매가 나타내는 용매의 증기압은 용매에 용질이 첨가됨에 따라 상대적으로 낮아지게 되는데 (P_A^0-P_A) 그 값은 용액에 첨가된 용질의 몰분율 값(X_B)과 같아야 하므로 다음과 같이 쓸 수 있다.

$$\frac{P_A^0 - P_A}{P_A^0} = X_B$$

그리고

$$\frac{P_B^0 - P_B}{P_B^0} = X_A$$

라 쓸 수 있다. X_A와 X_B는 각각 A, B의 몰분율(mole fraction)이다. $X_A + X_B = 1$이기 때문에 위 식은 다음과 같이 쓸 수 있다.

$$1 - \frac{P_A}{P_A^0} = X_B$$

$$\frac{P_A}{P_A^0} = 1 - X_B = X_A$$

$$\frac{P_A}{P_A^0} = X_A$$

라 쓸 수 있고,

B물질로 확장하면

$$\frac{P_B}{P_B^0} = X_B$$

라 쓸 수 있어 이 내용을 일반화하여 표현하면

$$\frac{P_i}{P_i^0} = X_i \quad \cdots (6.21)$$

라 할 수 있다.

이때 만약 용액을 구성하는 한 성분이 기체이고 이상적으로 행동한다면 식 (5.5)에 의해

$$\frac{P_i}{P_i^0} = a_i = X_i \quad \cdots (6.22)$$

로 쓸 수 있다.

따라서 용액이 라울의 법칙을 따른다면 용액을 구성하는 용질이든 용매이든지 간에 구성물질의 증기압(vapor pressure) 값은 그 성분의 몰분율에 직접적으로 비례한다. 즉, 용액이 라울의 법칙을 따른다면 어떤 성분의 활동도 값이 그 성분의 몰분율과 같게 되는데 이러한 용액을 이상 용액이라 한다. 그럼 라울의 법칙은 항상 이상 용액에서만 사용할 수 있는가? 그렇지 않다. 라울의 법칙도 일부 실제 용액에서도 사용이 가능하다. 다만 대부분 실제 용액에서는 라울의 법칙에서 벗어나 매우 커다란 편차를 보인다. 어떤 실제 용액은 라울의 법칙 라인($a = X$)에서 플러스로 편차가 생기거나 혹은 어떤 실제 용액은 마이너스로 편차가 생긴다. 그러나 실제 대부분의 경우 실제 용액은 압력이 커지는 플러스 편차보단 용질과 용매가 서로 간섭되므로 마이너스 편차를 나타

낸다. 뿐만 아니라 용매의 양이 너무 많아지면 [즉 용질의 양이 매우 적어 희석용액이 되면] 실제 용액이 결국 이상 용액과 같은 거동을 보여 라울의 법칙 라인과 일치되면서 실제 용액인데도 라울의 법칙을 적용할 수 있게 된다.

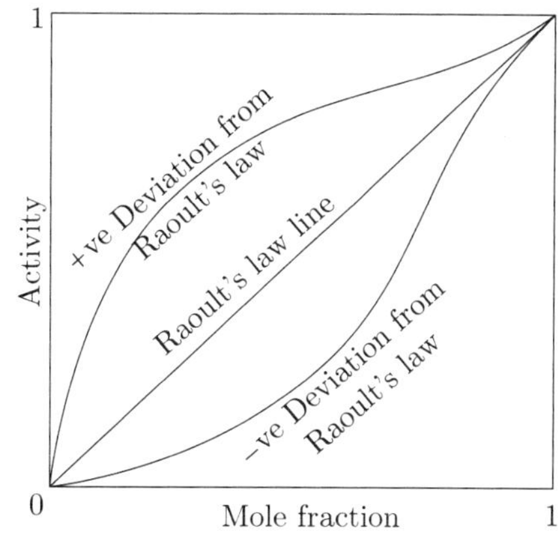

그림 6.4. 이상 용액과 실제 용액에서의 활동도와 몰분율의 관계

따라서 비록 라울의 법칙이 이상 용액에서 용매를 기준으로 설명하는 이론이지만 이 부분을 이용하여 산업계에서 특정재료 속에 존재하는 잔여 불순물을 어느 정도 줄일 수 있는지 예측하는데 활용하고 있는 실정이다. 아래 연습문제는 납 속의 잔류 아연을 특정온도에서 얼마나 줄일 수 있는지에 대한 사례이다. 풀어보면 라울의 법칙이 실제 용액에서 어떻게 응용될 수 있는지 잘 보여주고 있다. 라울의 법칙을 이용하여 산업체에 자주 사용되는 응용은 주재료 속에 잔류하는 불순물 양을 줄여 용매의 분율을 높이는, 즉 주재료의 순도를 어느 정도까지 높일 수 있는지 예측하고 실현하는데 활용하고 있다.

문제 6.D

390℃(663K)에서 다른 불순물을 함유하지 않은 납 속에 있는 잔류 아연은 염소 가스에 노출시킴으로써 다음 반응에 의해 제거될 수 있다.

$$[Zn]_{Pb-Zn} + (PbCl_2)_{slag} = [Pb]_{Pb-Zn} + (ZnCl_2)_{slag}$$

390℃(663K)에서 위 반응의 표준 자유 에너지 변화 값은 -15090cal이고 반응 후 염소 슬래그에서 $ZnCl_2$의 몰분율은 0.983과 같다. 주어진 온도에서 매우 묽은 용액

속 납에 함유되어 있는 아연의 활동도는 다음과 같다.

$$\partial_{Zn} = 29X_{Zn}$$

$PbCl_2 - ZnCl_2$ 계가 이상적으로 행동한다고 가정할 때, 납 속에 있는 잔류 아연을 어느 수준까지 제거될 수 있는지 중량백분율로 계산하여라. 납과 아연의 원자량은 각각 207.2, 65.38이다.

풀 이

$$[Zn]_{Pb-Zn} + (PbCl_2)_{slag} = [Pb]_{Pb-Zn} + (ZnCl_2)_{slag}$$

다음과 같이 쓸 수 있다.

$$\Delta G^0 = -RT\ln K = -4.575 \times T\log\frac{[\partial_{Pb}] \cdot (\partial_{ZnCl_2})}{[\partial_{Zn}] \cdot (\partial_{PbCl_2})}$$

$PbCl_2 - ZnCl_2$ 계가 이상적으로 행동하므로

$$\Delta G^0 = -4.575 \times T\log\frac{[\partial_{Pb}] \cdot (X_{ZnCl_2})}{[\partial_{Zn}] \cdot (X_{PbCl_2})} \quad \cdots (6.D.1)$$

$$X_{PbCl_2} = 1 - X_{ZnCl_2}$$
$$= 1 - 0.983$$
$$= 0.017$$

아연이 매우 적은 양으로 존재한다고 가정하면 납의 활동도는 1이라 할 수 있다. 식 (6.E.1)에 663K를 대입하면

$$-15090 = -4.575 \times 663\log\frac{1 \times 0.983}{[29X_{Zn}] \times 0.017}$$

$$[X_{Zn}] = 2.117 \times 10^{-5}$$

$$atom\%\, Zn = 2.117 \times 10^{-3}$$

아연의 농도를 $wt\%$로 환산하면

$$wt\%\, Zn = \frac{(2.117 \times 10^{-3}) \times 65.38 \times 100}{[(2.117 \times 10^{-3}) \times 65.38] + [(100 - 2.117 \times 10^{-3}) \times 207.2]}$$

2.117×10^{-3}은 매우 작은 수이므로 $100 - 2.117 \times 10^{-3} \approx 100$이라 볼 수 있다.

$$wt\%\,Zn = \frac{0.1385}{0.1385 + 20720} \times 100$$
$$= 6.68 \times 10^{-4}$$

따라서 납에서 아연의 함량을 $6.68 \times 10^{-4} wt\%$ 까지 낮출 수 있다. ■

6.7 비이상 용액 : 활동도 계수의 개념 (Non-Ideal Solution : Concept of Activity Coefficient)

앞에서 실제 용액에 라울의 법칙을 적용하면 이상 용액으로부터 많이 벗어나 매우 커다란 편차를 보여 어떤 실제 용액에선 라울의 법칙 라인($a = X$)으로부터 플러스로 편차를 보이는가 하면 어떤 실제 용액에선 마이너스로 편차가 생긴다고 하였다. 따라서 라울의 법칙의 눈으로 실제 용액을 이해하기 위해서는 도구가 필요한데 이 도구를 활동도 계수(activity coefficient)라 한다. 이것은 실제 용액이 이상 용액으로부터 어느 정도 벗어났는지를 보정(correction)하는 도구라고 이해하면 된다.

즉 이상 용액에서 한 성분이 혼자일 때 나타내는 압력과 용질 첨가에 따른 압력 저하된 압력의 비는 그 성분의 몰분율과 같다고 하였다. 따라서 용액이 이상 용액이라면

$$\frac{P_i}{P_i^0} = a_i = X_i$$

이고, 활동도가 그 성분의 몰분률과 정확하게 같았으나 식 (6.22)는 비이상 용액(non-ideal solution)에서는 편차가 생기면서 식 (6.22)를 적용할 수 없다. 따라서 비이상 용액의 경우 이상 용액에서 벗어난 정도를 보정해주어야 하는데 그때 사용하는 보정 인자를 γ_i**라 쓰고 라울티안 활동도 계수(Raoultian activity coefficient)라 하고 다음과 같은 보정 식을 세울 수 있게 된다.**

$$a_i = \gamma_i X_i \qquad \cdots (6.23)$$

이때 활동도 계수(activity coefficient)는 온도, 압력, 조성에 의존한다. 당연히 이상 용액에서 활동도 계수는

$$\gamma_i = 1 \qquad \cdots (6.24)$$

과 같다.

따라서 이 개념을 사용하여 실제 용액을 라울의 눈으로 이해할 때 적용해 보면 그림 6.3에서 +편차 거동을 보일 때는 활동도 계수가 1보다 큰 경우이고 －편차 거동을 보일 때는 활동도 계수가 1보다 작은 경우라고 설명할 수 있다.

뿐만 아니라 실제 용액 중 용매의 양이 많아지는 희석용액의 경우 활동도 계수가 점점 1에 가까워지면 실제 용액이 이상 용액의 성질과 같아져 희석 용액을 이상 용액으로 취급해서 이해하면 된다.

문제 6.E

1100℃(1373K)에서 Al－Cu 용액에서 Al 농도에 따른 알루미늄의 활동도(activity)는 다음과 같이 주어진다.

X_{Al}	0.90	0.75	0.63	0.53	0.45	0.38	0.30	0.20	0.10
∂_{Al}	0.89	0.69	0.50	0.31	0.20	0.10	0.03	0.005	0.008

Al－Cu 용액(Al－Cu solution)에서 알루미늄이 49wt%일 때 알루미늄의 활동도 계수(activity coefficient)를 구하라.

풀 이 제시된 활동도와 몰분율 값의 그래프를 그려보면

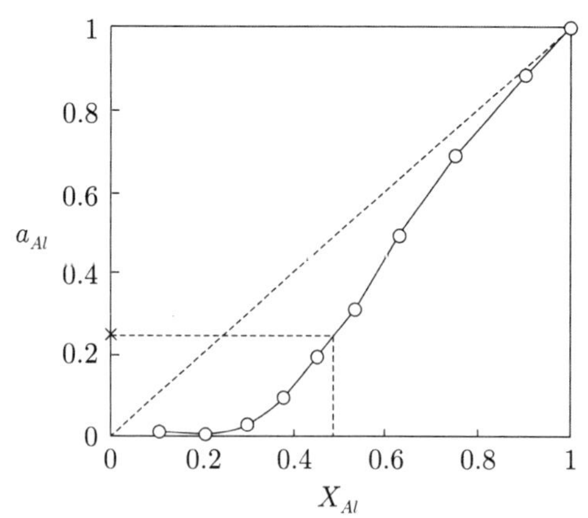

그림 6.5. Al－Cu 용액에서 알루미늄 몰분율에 따른 알루미늄의 활동도

$X_{Al} = 0.49$일 때 활동도 값을 그래프에서 읽어보면 $a_{Al} = 0.25$가 나온다. 따라서 알루미늄의 활동도 계수는

$$\gamma_{Al} = \frac{0.25}{0.49} = 0.5102$$

$X_{Al} = 0.49$일 때 알루미늄의 활동도 계수는 0.5102이다.

6.8 헨리의 법칙 : 희석용액(Henry's Law : Dilute Solution)

라울의 법칙이 이상 용액에서 용매를 기준으로 설명했다면 헨리의 법칙은 실제 용액에서 용질을 기준으로 설명하는 법칙이다. 이 법칙은 이미 라울의 법칙을 실제 용액의 열역학적 성질을 이해하면서 희석용액(dilute solution)이 이상 용액(ideal solution)의 거동을 한다는 내용을 떼어내어 법칙으로 만든 것이다. 즉 용액에서 용질의 양이 매우 적은 용액을 우리는 희석용액이라 하는데 **헨리의 법칙(Henry's law)은 "희석용액(dilute solution)에서 용질(solute)이 나타내는 증기압은 용질(solute)의 몰분율(mole fraction)에 비례한다."라고 정의한다.** 실제 용액을 라울의 법칙의 눈으로 관찰해보면 -편차(negative deviation)를 나타내나 용질의 양이 매우 적게 희석한 곳에서는 헨리의 법칙을 만족하는 것으로 보인다.

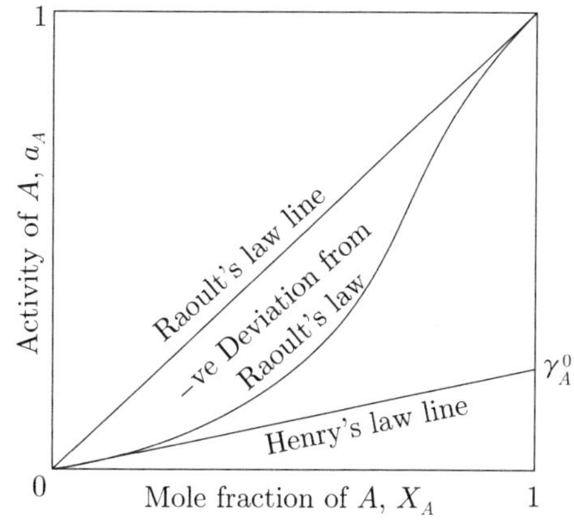

그림 6.6. 용질 A의 몰분율에 따른 활동도
(-편차 라울의 법칙선이 저농도(희석)일 때 헨리의 법칙을 따름을 보인다.)

만약 이성분계 A-B 용액에서 A가 용질이라면 헨리의 법칙에 따라

$$P_A = K_A X_A \qquad \cdots (6.25)$$

라 쓸 수 있고 이때 K_A는 주어진 온도에서 비례상수를 말한다. 그럼 라울티안 활동도 계수(Raoultian activity coefficient)와는 어떻게 다른가? 라울티안 활동도 계수는 이상 용액과 용매를 기준으로 하였고 온도, 압력, 조성에 의존한다고 하였으나 K_A는 실제 용액인 희석용액과 용질을 기준으로 하였고 이 비례상수는 온도에만 의존하고 좀 더 제한된 곳인 용질의 양이 매우 적은 곳에서만 적용 가능하다.

식 (6.25)를 양변에 P_A^0로 나누면 결국 이 식도 실제 용액이 라울의 법칙의 거동에서 얼마나 벗어났는지를 구했던 라울티안 활동도 계수와 유사한 식을 만들 수 있다.

$$\frac{P_A}{P_A^0} = a_A = Constant \cdot X_A \qquad \cdots (6.26)$$

단 위 식에서 상수값은 무한 희석용액(실제 용액)에서 활동도-조성 곡선의 기울기와 같다. 즉 A의 농도가 0일 때의 곡선의 기울기를 말하며 이 값을 γ_A^0라 표시하고 γ_A^0는 무한 희석용액에서의 활동도 계수이다. 헨리의 법칙은 라울의 법칙과는 달리 저농도(low concentration)의 용질인 용액에서만 타당하게 적용 사용할 수 있다.

6.9 대체 표준상태(Alternative Standard States)

비이상 용액(Non-ideal solution)에 대해 라울과 헨리의 법칙을 배우면서 이야기했었다. 이때 비이상 용액을 다룰 때 3가지 서로 다른 표준상태가 주어지는데 라울의 법칙으로부터 순수한 물질을 기준으로 하는 라울티안(Raoultian) 표준상태(standard state)와 헨리의 법칙으로부터 정의되는 서로 다른 2가지 표준상태를 사용하는 것이 편리한 경우가 있다. 헨리의 법칙으로부터 정의되는 서로 다른 2가지 표준상태 중 첫 번째는 무한 희석 몰분율(infinitely dilute, atom fraction) 표준상태와 두 번째 무한 희석 중량백분율(infinitely dilute, weight percent) 표준상태가 있다.

무한 희석 몰분율 표준상태(infinitely dilute, atom fraction standard state)란 무한 희석(infinitely dilute) 상태에서 헨리안 활동도(Henrian activity)값이 원자분율(atomic fraction)

과 관계하는 상태를 말하고 **무한 희석 중량백분율 표준상태(infinitely dilute, weight percent standard state)**는 야금학에서 많이 쓰이며 무한 희석(infinitely dilute) 상태에서 헨리안 활동도가 중량백분율(weight percent)과 관계하는 상태를 말한다.

6장 연습문제

1. 용액이란?

2. 용매와 용질을 정의하라.

3. 이상 용액을 정의하라.

4. 깁스-듀헴 방정식이란?

5. 몰량으로부터 분몰량이 아래와 같음을 증명하라.

$$Z_A = Z + (1 - X_A)\frac{dZ}{dX_A}_{X_B}$$

6. 라울의 법칙을 정의하라.

7. 라울티안 활동도 계수를 정의하라.

8. 헨리의 법칙을 정의하라.

9 실제 용액을 다룰 때 2가지 대체 표준 상태를 기술하라.

10 라울의 법칙을 이용하여 산업체 응용 가능한 경우를 기술하라.

11 황동은 Cu가 70wt%, 나머지가 Zn으로 이루어져있다. 이때 황동의 조성을 atom%로 나타내라. 또한, 위 황동에서의 Cu와 Zn의 몰분율도 구하여라. Cu와 Zn의 원자량은 각각 63.54와 65.38이다.

12 공기는 대략 79vol%의 질소와 21vol%의 산소로 구성되어 있다. 공기를 이상기체라 가정하고 질소와 산소의 중량 백분율과 공기의 평균 분자량을 구하라. 질소와 산소의 원자량은 각각 14와 16이다.

13 500℃(773K)에서 $Cd-Sn$ 합금의 혼합 엔탈피 변화값이 다음과 같다.

X_{Cd}	0	0.1	0.3	0.5	0.7	0.9	1.0
ΔH^M	0	298.2	652.4	800.0	620.5	251.5	0

$Cd-Sn$ 합금이 Cd을 60atom% 함유할 때 Cd와 Sn의 혼합 분몰 엔탈피 값을 계산하여라.

14 FeO를 용매로 MnO를 용질로 하는 액상 용액과 Fe를 용매로, Mn을 용질로 하는 액상 용액은 1600℃(1873K)에서 거의 사실상 이상 용액처럼 거동한다. 이 온도에서 40% MnO와 60% FeO를 포함하는 슬래그가 평형에 있을 때 Fe에 함유되어 있는 망간의 wt%를 계산하라. Fe와 Mn의 원자량은 각각 55.85와 54.94이다.

$$(FeO)_{slag} + [Mn]_{Fe-Mn} = (MnO)_{slag} + [Fe]_{Fe-Mn}$$

$$\Delta G^0 = -29080 + 3.67T\,cal$$

7 용액 2

Solution 2

7.1 시버트의 법칙(Sievert's Law)

용액의 열역학적 성질을 설명하기 위해 앞에서 라울과 헨리의 법칙을 배웠으나 이밖에 용액과 관련된 시버트의 법칙(Sievert's law)도 있다. 그러나 시버트의 법칙은 새로운 내용의 법칙이라기보다는 자세히 살펴보면 헨리의 법칙(Henry's law)을 산업체에 응용하면서 생긴 독특한 부수적인 법칙이라 할 수 있다. 그럼 시버트 법칙의 내용을 알아보자.

특정재료 혹은 금속을 공기 중에서 녹일 때 공기를 구성하고 있는 H_2, O_2, N_2 등의 2원자 분자기체가 단원자 상태로 재료나 금속 내에 녹아 들어가게 되는데 이때 재료나 금속 내로 특정기체의 성분이 어느 정도의 양이 용해되어 들어갈지를 예측해서 안다는 것은 최종제품을 고품질로 유지하는데 매우 중요하다. 따라서 재료나 금속을 공기 중에서 녹일 때 공기 중 존재하는 기체들이 재료 안으로 녹아 들어가는 것이므로 무한 희석용액과 같은 경우로 생각할 수 있어 이런 경우에 헨리의 법칙을 경험적으로 적용하여 다음과 같은 형태로 사용된다.

$$P_A = Constant \cdot X_A^n \qquad \cdots (7.1)$$

여기서 n은 기체 분자당 원자수이다. 이런 관계식은 재료 내 2원자 기체들이 녹아 들어가는 정도인 용해도 S를 구할 때 매우 잘 들어맞으며 이것을 시버트의 법칙이라 한다. X_A가 S_A에 비례하므로, 시버트의 법칙은 다음과 같이 쓰일 수 있다.

$$S_A = k' \sqrt{P_A} \qquad \cdots (7.2)$$

여기서 k'는 상수이고 $n = 2$일 때의 경우이다.

문제 7.A

1075℃(1348K)에서 액체 은의 산소 용해도는 산소의 부분압에 따라 다음과 같이 주어진다.

Partial pressure of oxygen		Solubility of oxygen	
mmHg	(N/m^2)	c.c./100g Ag	$(m^3/kg\,Ag)$
128	(17065)	81.5	81.5×10^{-5}
488	(65061)	156.9	156.9×10^{-5}
760	(101325)	193.6	193.6×10^{-5}
1203	(160386)	254.8	254.8×10^{-5}

은의 산소 용해도가 시버트의 법칙(Sievert's law)을 따르고 대기에서 산소가 21% 부피를 차지한다고 가정할 때 1075℃(1348K)에서 100g의 액체 은에 녹는 산소의 양을 계산하여라.

풀 이 식 (7.2)를 이용하면 1075℃(1348K)에서 은의 산소 용해도는

$$S_{O_2} = k'\sqrt{P_{O_2}} \qquad \cdots(7.A.1)$$

S_{O_2}, P_{O_2}, k'는 각각 c.c/100g Ag의 단위로 표현된 산소의 용해도, $mmHg$로 표현된 산소의 부분압 그리고 상수이다.

P_{O_2} (mmHg)	$\sqrt{P_{O_2}}$	S_{O_2} (c.c./100g Ag)	$k'\ (=S_{O_2}/\sqrt{P_{O_2}})$
128	11.313	81.5	7.206
488	22.090	156.9	7.104
760	27.568	193.6	7.026
1203	34.680	254.8	7.347

위의 표를 보면 k'값은 대체로 일정한 값을 가지므로 1075℃(1348K)에서 은의 산소 용해도는 시버트의 법칙을 따름을 알 수 있다.
산소가 대기에서 21% 부피를 차지하므로 산소의 부분압은

$$P_{O_2} = 0.21\,atm = 0.21\,atm \times \frac{760\,mmHg}{1\,atm}$$
$$= 159.6\,mmHg$$

위의 표에서 산소의 부분압이 128$mmHg$일 때 k'값은 7.206이므로 159.6$mmHg$

역시 같은 값을 가진다고 가정하면 그때의 용해도를 구할 수 있다.

$$S_{O_2} = 7.206\sqrt{159.6} = 91\,c.c./100g\ Ag$$

또 다른 방법으로는 S_{O_2}와 $\sqrt{P_{O_2}}$의 관계를 도시했을 때 직선이 나오면 시버트의 법칙을 따름을 의미한다. 이때 직선의 기울기는 k'의 평균값을 나타내며 이 평균값을 이용해 산소의 부분압이 $159.6mmHg$에서의 용해도를 계산할 수 있다.

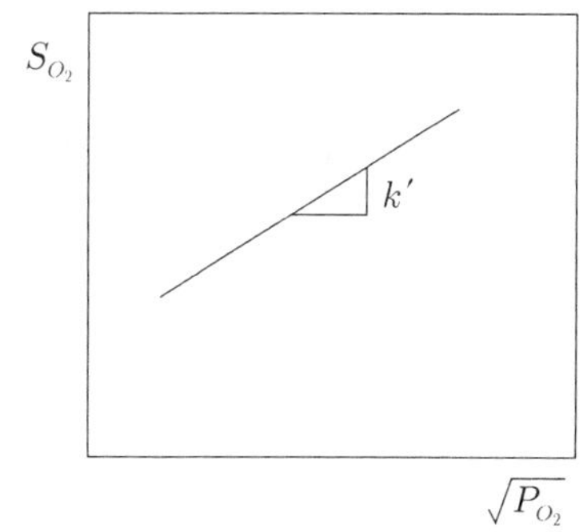

그림 7.1. 산소의 용해도 S_{O_2}와 산소의 부분압 $\sqrt{P_{O_2}}$의 관계 그림으로부터 시버트의 규칙을 만족하는 $k' = \dfrac{S_{O_2}}{\sqrt{P_{O_2}}}$ 값 구하기

7.2 혼합 함수(Mixing Functions)

혼합에 관한 열역학 함수들을 여기서는 활동도의 개념을 이용하여 다루어 보도록 하자.

우선 성분 A와 B를 가지고 A-B 용액(solution A-B)을 형성하기 위해 섞을 때

$$A + B \rightarrow A - B$$

자유 에너지, 엔트로피, 엔탈피와 같은 열역학적 성질이 변하게 되는데 이와 같이 초기 성분들을 섞어서 용액을 형성하였을 때 자유 에너지 변화 값을 우린 '용액 형성 자유 에너지'(free energy of solution formation), '혼합 자유 에너지'(free energy mixing) 혹은 '혼합 적분 자유 에너

지'(integral free energy of mixing)라 하며 용액 1몰을 형성하였을 때는 혼합 자유 에너지(free energy mixing)를 ΔG^M로 표시한다.

ΔG^M은 일정 온도, 일정 압력하에 있는 용액 1몰의 자유 에너지에서 그 온도와 그 압력하에 있는 혼합 전 순수한 성분들의 자유 에너지 합과의 차로 정의된다.

따라서 성분 A와 B를 가지는 이성분계 A-B 용액에서 혼합 자유 에너지(free energy mixing) ΔG^M을 수학적으로 기술해보면

$$\begin{aligned} \Delta G^M &= G_{real\,soln.} - (A\text{와 } B\text{의 자유 에너지 합}) \\ &= (X_A\overline{G_A} + X_B\overline{G_B}) - (X_A G_A^0 + X_B G_B^0) \\ &= X_A(\overline{G_A} - G_A^0) + X_B(\overline{G_B} - G_B^0) \end{aligned} \quad \cdots (7.3)$$

라 쓸 수 있고 여기서 $\overline{G_i}$는 용액에서 성분 i의 분몰 자유 에너지(partial molar free energy)를 나타내고 G_i^0와 주어진 표준상태에서 성분 i의 몰 자유에너지(molar free energy)를 나타낸다. 따라서 $(\overline{G_A} - G_A^0)$값을 성분 A의 혼합 분몰 자유 에너지(partial molar free energy of mixing) 혹은 상대적 분몰 자유 에너지(relative partial molar free energy)라 하고 $\overline{G_i^M}$라고 쓴다.

따라서 식 (7.3)은 다음과 같이 쓸 수 있다.

$$\Delta G^M = X_A\overline{G}_A^M + X_B\overline{G}_B^M \quad \cdots (7.4)$$

마찬가지로 엔트로피와 엔탈피 등에 대해서도 이와 같은 혼합에 관련된 열역학 함수들을 유사하게 확장하여 사용할 수 있다.

$$\Delta S^M = X_A\overline{S_A^M} + X_B\overline{S_B^M} \quad \cdots (7.5)$$

$$\Delta H^M = X_A\overline{H}_A^M + X_B\overline{H}_B^M \quad \cdots (7.6)$$

뿐만 아니라 혼합과 관련된 여러 열역학 함수들을 이미 우리가 이전에 논의했던 모든 열역학 관계식에도 확장하여 쓸 수 있다.

$$\Delta G^M = \Delta H^M - T\Delta S^M$$

$$\overline{G}_i^M = \overline{H}_i^M - T\overline{S}_i^M$$

$$\frac{\partial}{\partial T}\left(\frac{\Delta G^M}{T}\right)_P = -\frac{\Delta H^M}{T^2}$$

$$\overline{G_i}^M = RT\ln a_i \qquad \cdots (7.7)$$

① 실제 용액에서 ΔG^M, ΔH^M, ΔS^M 값 구하기

앞에서 주어진 용액에서 혼합 자유 에너지(ΔG^M)는 다음과 같이 표현된다.

$$\Delta G^M = RT(X_A \ln a_A + X_B \ln a_B) \qquad \cdots (7.8)$$

식 (7.8)을 일정한 압력과 일정한 조성에서 온도에 따라 미분하면 열역학적 함수에 의해

$$\left[\frac{\partial \Delta G^M}{\partial T}\right]_{P,X_A} = R(X_A \ln a_A + X_B \ln a_B) + RT\left[X_A\left(\frac{\partial \ln a_A}{\partial T}\right)_{P,X_A} + X_B\left(\frac{\partial \ln a_B}{\partial T}\right)_{P,X_B}\right]$$

$$= -\Delta S^M$$

이므로 혼합 엔트로피(ΔS^M)은

$$\Delta S^M = -R(X_A \ln a_A + X_B \ln a_B) - RT\left[X_A\left(\frac{\partial \ln a_A}{\partial T}\right)_{P,X_A} + X_B\left(\frac{\partial \ln a_B}{\partial T}\right)_{P,X_B}\right] \qquad \cdots (7.9)$$

인데 $\Delta G^M = \Delta H^M - T\Delta S^M$이므로, 식 (7.8)과 (7.9)로부터 혼합 엔탈피(enthalpy mixing ΔH^M)값을 얻을 수 있다.

$$\Delta H^M = -RT^2\left[X_A\left(\frac{\partial \ln a_A}{\partial T}\right)_{P,X_A} + X_B\left(\frac{\partial \ln a_B}{\partial T}\right)_{P,X_B}\right] \qquad \cdots (7.10)$$

② 이상 용액에서 ΔG^M_{ideal}, ΔS^M_{ideal}, ΔH^M_{ideal} 값 구하기

라울의 법칙(Raoult's law)이 적용되는 이상 용액에서 활동도 값이 몰분율과 같다고 하였고 몰분율은 온도와 압력에 독립적이어서 온도와 압력의 함수가 아니므로 이상 용액 A-B 용액(A-B binary ideal solution)에서 다음과 같은 혼합 함수들(mixing functions)을 얻을 수 있다.

실제 용액에서 혼합 자유 에너지(free energy mixing)값은

$$\Delta G^M = RT(X_A \ln a_A + X_B \ln a_B)$$

와 같다고 하였고 이상 용액에서 활동도는 몰분율과 같으므로 ΔG^M_{ideal}은

$$\Delta G^M_{ideal} = RT(X_A \ln X_A + X_B \ln X_B)$$

라 쓸 수 있다. 식 (7.9)로부터 X_A는 온도의 함수가 아니므로 온도에 따라 미분하면

$$\left(\frac{\partial \Delta G^M_{ideal}}{\partial T}\right)_{P,\,X_A} = R(X_A \ln X_A + X_B \ln X_B) = -\Delta S^M_{ideal}$$

이므로

$$\Delta S^M_{ideal} = -R(X_A \ln X_A + X_B \ln X_B)$$

을 구할 수 있다. 따라서 $\Delta G^M_{ideal} = \Delta H^M_{ideal} - T\Delta S^M_{ideal}$이므로 앞에서 구한 ΔG^M_{ideal}와 ΔS^M_{ideal}값을 대입하여 ΔH^M_{ideal}값을 구해보면

$$RT(X_A \ln X_A + X_B \ln X_B) = \Delta H^M_{ideal} + RT(X_A \ln X_A + X_B \ln X_B)$$

따라서 $\Delta H^M_{ideal} = 0$이므로 이상 용액(ideal solution)에서 ΔG^M_{ideal}, ΔS^M_{ideal}, ΔH^M_{ideal} 값은

$$\Delta G^M_{ideal} = RT(X_A \ln X_A + X_B \ln X_B) \quad \cdots (7.11)$$

$$\Delta S^M_{ideal} = -R(X_A \ln X_A + X_B \ln X_B) \quad \cdots (7.12)$$

$$\Delta H^M_{ideal} = 0 \quad \cdots (7.13)$$

이다. 이 값들을 자세히 살펴보면 실제 용액(real solution)과 이상 용액(ideal solution)의 열역학적 성질 중 혼합엔탈피(enthalpy mixing ΔH^M_{ideal})값이 가장 큰 차이가 있음을 알 수 있다. 이밖에 ΔV^M_{ideal} 값도 또한 0이다.

7.3 과잉 함수(Excess Functions)

우리가 용액을 다루면서 모든 용액이 이상 용액의 거동을 적용하여 풀 수 있다면 그것이 가장 좋을 것이다. 그러나 실제 용액은 언제나 이상 용액(ideal solution)의 거동에서 벗어난다. **따라서 실제 용액(real solution)이 이상 용액(ideal solution)으로 부터 어느 정도 벗어났는지에 대한 정보를 알 필요가 있다. 이 정보를 알려주는 도구가 과잉 함수(excess function)이다.** 따라서 과잉 함수란 실제 용액에서의 열역학 함수 값에서 이상 용액에서의 열역학 함수 값의 차이로 정의된다. 따라서

$$Z^{XS} = Z^{M}_{real\,soln.} - Z^{M}_{ideal\,soln.}$$

과 같고 여기에서 Z는 H, S, G 등의 크기성질(extensive property)을 갖는 열역학 함수(thermodynamic function)를 나타내고 Z^{XS}는 각 열역학 함수에 해당하는 과잉 함수를 의미한다.

이성분계 A-B용액에서 용액의 과잉 적분 몰 자유 에너지(excess integral molar free energy of solution) G^{XS}는 실제 용액(real solution)의 혼합 자유 에너지(free energy mixing)값에서 이상 용액(ideal solution)의 혼합 자유 에너지(free energy mixing)를 뺀 값이므로 다음과 같이 나타낼 수 있다.

$$G^{XS} = \Delta G^{M}_{real\,soln.} - \Delta G^{M}_{ideal\,soln.}$$

위 식에 식 (7.8)과 (7.11)의 $\Delta G^{M}_{real\,soln.}$, $\Delta G^{M}_{ideal\,soln.}$ 값을 대입하면 다음과 같다.

$$\begin{aligned} G^{XS} &= RT(X_A \ln a_A + X_B \ln a_B) - RT(X_A \ln X_A + X_B \ln X_B) \\ &= RT(X_A \ln \gamma_A + X_B \ln \gamma_B) \qquad \cdots (7.14) \end{aligned}$$

마찬가지로 용액의 과잉 적분 몰 엔트로피(excess integral molar entropy of solution) S^{XS}와 용액의 과잉 적분 몰 엔탈피(excess integral molar enthalpy of solution) H^{XS}도 다음과 같이 쓸 수 있다. 이때에도 조성은 온도의 함수가 아니어서 온도로 미분을 하면 0이 되지만 계산을 편하게 보기 위해 0인 부분들을 생략하지 않았다. 용액의 과잉 적분 몰 엔트로피는 다음과 같은 과정을 통해 계산이 된다. 따라서 용액의 과잉 적분 몰 엔트로피는 실제 용액의

혼합 엔트로피(entropy mixing) $\Delta S^{M}_{real\,soul}$ 값에서 이상 용액의 혼합 엔트로피(entropy mixing) ΔS^{M}_{ideal}를 뺀 값이므로 다음과 같이 나타낼 수 있다.

$$S^{XS} = \Delta S^{M}_{real\,soln.} - \Delta S^{M}_{ideal\,soln.}$$

따라서 실제 용액의 혼합 엔트로피(entropy mixing) ΔS^{M}_{real} 값은

$$\Delta S^{M} = -R(X_A \ln a_A + X_B \ln a_B) - RT\left[X_A\left(\frac{\partial \ln a_A}{\partial T}\right)_{P,X_A} + X_B\left(\frac{\partial \ln a_B}{\partial T}\right)_{P,X_B}\right]$$

과 같고 이상 용액의 혼합 엔트로피(entropy mixing) ΔS^{M}_{ideal} 값은

$$\Delta S^{M}_{ideal} = -R(X_A \ln X_A + X_B \ln X_B)$$

이므로 위 식에 넣어 정리하면

$$\begin{aligned} S^{XS} &= -R(X_A \ln a_A + X_B \ln a_B) - RT\left[X_A\left(\frac{\partial \ln a_A}{\partial T}\right)_{P,X_A} + X_B\left(\frac{\partial \ln a_B}{\partial T}\right)_{P,X_B}\right] \\ &\quad + R(X_A \ln X_A + X_B \ln X_B) \\ &= -R(X_A \ln \gamma_A + X_B \ln \gamma_B) - RT\left[X_A\left(\frac{\partial \ln \gamma_A}{\partial T}\right)_{P,X_A} + X_B\left(\frac{\partial \ln \gamma_B}{\partial T}\right)_{P,X_B}\right] \end{aligned} \quad \cdots (7.15)$$

값이 된다.

그럼 용액의 과잉 적분 몰 엔탈피(excess integral molar enthalpy of solution) H^{XS}은 실제 용액의 혼합 엔탈피(enthalpy mixing) $\Delta H^{M}_{real\,soul}$ 값에서 이상 용액의 혼합 엔탈피(entropy mixing) ΔH^{M}_{ideal}를 뺀 값이므로 다음과 같이 나타낼 수 있다.

$$H^{XS} = \Delta H^{M}_{real\,soln.} - \Delta H^{M}_{ideal\,soln.}$$

이므로 앞에서 실제 용액의 혼합 엔탈피(enthalpy mixing) $\Delta H^{M}_{real\,soln.}$ 값은

$$\Delta H^{M} = -RT^2\left[X_A\left(\frac{\partial \ln a_A}{\partial T}\right)_{P,X_A} + X_B\left(\frac{\partial \ln a_B}{\partial T}\right)_{P,X_B}\right]$$

과 같다고 하였고 이상 용액의 혼합 엔탈피(entropy mixing) ΔH_{ideal}^{M} 값은

$$\Delta H_{ideal}^{M} = 0$$

이라 하였으므로 이 2개의 값을 위 식에 대입하여 정리하면

$$H^{XS} = -RT^2\left[X_A\left(\frac{\partial \ln a_A}{\partial T}\right)_{P,X_A} + X_B\left(\frac{\partial \ln a_B}{\partial T}\right)_{P,X_B}\right]$$

이 되나 활동도는 $a_i = \gamma_i X_i$와 같고 몰분율은 온도의 함수가 아니므로 결국

$$H^{XS} = -RT^2\left[X_A\left(\frac{\partial \ln\gamma_A}{\partial T}\right)_{P,X_A} + X_B\left(\frac{\partial \ln\gamma_B}{\partial T}\right)_{P,X_B}\right]$$

이 값이 나오게 된다. 이 사실을 $G^{XS} = H^{XS} - TS^{XS}$이 관계식으로 재확인해보면 용액의 과잉 적분 몰 자유 에너지(excess integral molar free energy of solution) G^{XS}는 $G^{XS} = RT(X_A\ln\gamma_A + X_B\ln\gamma_B)$라 하였고, 용액의 과잉 적분 몰 엔트로피(excess integral molar entropy of solution) S^{XS}은

$$S^{XS} = -R(X_A\ln\gamma_A + X_B\ln\gamma_B) - RT\left[X_A\left(\frac{\partial \ln\gamma_A}{\partial T}\right)_{P,X_A} + X_B\left(\frac{\partial \ln\gamma_B}{\partial T}\right)_{P,X_B}\right]$$

와 같다고 하였으므로 두 개의 값을 아래 식에 넣으면

$$G^{XS} = H^{XS} - TS^{XS}$$

$RT(X_A\ln\gamma_A + X_B\ln\gamma_B) = G^{XS}$이고 $-TS^{XS}$값은

$$+RT(X_A\ln\gamma_A + X_B\ln\gamma_B) + RT^2\left[X_A\left(\frac{\partial \ln\gamma_A}{\partial T}\right)_{P,X_A} + X_B\left(\frac{\partial \ln\gamma_B}{\partial T}\right)_{P,X_B}\right]$$

와 같아서 결국 H^{XS}값은

$$H^{XS} = -RT^2\left[X_A\left(\frac{\partial \ln\gamma_A}{\partial T}\right)_{P,X_A} + X_B\left(\frac{\partial \ln\gamma_B}{\partial T}\right)_{P,X_B}\right] \quad \cdots (7.16)$$

이 된다. 또한 용액의 과잉 적분 몰 엔탈피(excess integral molar enthalpy of solution) H^{XS}는

과잉 함수 중에 이상 용액과 가장 큰 차이를 보이는 값이다. 이상 용액의 혼합열은 0이고 실제 용액(Real solution)의 혼합열만 존재하기 때문이다.

앞에선 이러한 과잉 함수들은 몰량(molar quantity)으로부터 구했지만 이 개념을 용액을 구성하고 있는 성분들의 열역학적 성질인 분몰량(partial molar quantity)에도 확장될 수 있다. 따라서 용액 중 성분 i의 과잉 분몰 자유 에너지(excess partial molar free energy of solution) $\overline{G}_i^{XS}$는 다음과 같다.

$$\overline{G}_i^{XS} = RT\ln\gamma_i \qquad \cdots(7.17)$$

따라서 이성분계 A-B 용액(A-B binary solution)에서 $G^{XS}=RT(X_A\ln\gamma_A + X_B\ln\gamma_B)$ 식을

$$G^{XS} = X_A\,\overline{G}_A^{XS} + X_B\,\overline{G}_B^{XS} \qquad \cdots(7.18)$$

라 쓸 수 있다.

앞에서 공부했던 열역학적 관계식에 과잉 분몰량(excess partial)과 과잉 몰량(excess integral quantities)값을 넣어 표현하여 사용할 수 있다.

$$\overline{G}_i^{XS} = \overline{H}_i^{XS} - T\overline{S}_i^{XS}$$

$$\left[\frac{\partial}{\partial T}\left(\frac{G^{XS}}{T}\right)\right] = -\frac{H^{XS}}{T^2}$$

7.4 규칙 용액(Regular Solutions)

혼합 엔탈피(enthalpy mixing) ΔH^M의 값이 0이 아니면서 이상 용액의 혼합 엔트로피(entropy mixing) ΔS^M와 같은 값을 가지는 용액을 우리는 규칙 용액(regular solution)이라 부른다. 이때 주의해야 할 사항은 혼합 엔탈피값이 0이 아니므로 당연히 혼합 자유에너지(free energy mixing) ΔG^M 값은 이상 용액이 아닌 실제 용액의 값을 갖는다. A-B 이성분계 규칙 용액(A-B binary regular solution)에서 혼합에 관련된 여러 가지 열역학 함수들은 다음과 같이 나타낼 수 있다. 혼합 자유에너지 값은 실제 용액의 값을 갖는다고 하였으므로

$$\Delta G^M = RT(X_A \ln a_A + X_B \ln a_B) \quad \cdots (7.19)$$

라 쓸 수 있고, 혼합 엔트로피(entropy mixing) ΔS^M 값은 이상 용액(ideal solution)의 혼합 엔트로피(entropy mixing)값을 갖는다고 하였으므로

$$\Delta S^M = -R(X_A \ln X_A + X_B \ln X_B) \quad \cdots (7.20)$$

이고, 따라서 혼합 엔탈피(enthalpy mixing) ΔH^M 값은

$$\Delta H^M = \Delta G^M + T\Delta S^M = RT(X_A \ln\gamma_A + X_B \ln\gamma_B) \quad \cdots (7.21)$$

이다. 규칙 용액(regular solution)에서는 다음과 같은 관계식이 성립된다.

$$\Delta \overline{H}_i^M = RT\ln\gamma_i \quad \cdots (7.22)$$

$$\overline{G}_i^{XS} = RT\ln\gamma_i \quad \cdots (7.23)$$

이므로 따라서

$$\overline{G}_i^{XS} = \Delta \overline{H}_i^M \quad \cdots (7.24)$$

이고, $\Delta \overline{H}_i^M$ 값은 과잉 함수(excess function)에서의 자유 에너지 값 $\overline{G}_i^{XS}$과 같다.

과 제 이성분계 A-B 용액이 규칙(regular)거동을 하는지 안 하는지 알아보는 규칙성(regularity)에 대한 간단한 검사 도구는 다음과 같다.

Hildebrand : 혼합물에 대한 Van der waals state function을 기초로 푼 것임.

$$RT\ln\gamma_A = \alpha X_B^2 \quad \cdots (7.25)$$

$$RT\ln\gamma_B = \alpha X_A^2 \quad \cdots (7.26)$$

여기서 α는 조성에 무관한 상수이며 계(system)의 모든 성분에 대해 같은 값을 갖는다.

논문을 읽고 식 (7.25)와 (7.26)의 유도 과정을 정리하라.

※ 참고자료 : J.H. Hildebrand, Solubility X_{II}, Regular Solutions.
J. Am. Chem. Soc. Vol. 51, 66page(1929).

문제 7.B

527℃(800K)에서 e.m.f.(기전력) 측정을 통해 $Zn-Cd$ 용액에서 카드늄의 몰분율(Mole fraction)에 따른 카드뮴의 활동도 계수(activity coefficent)가 다음과 같이 주어져 있을 때

X_{Cd}	0.2	0.3	0.4	0.5
γ_{Cd}	2.153	1.817	1.544	1.352

(1) $Zn-Cd$ 용액이 규칙 용액(Regular solution)의 거동을 보이는지 결정하라.

(2) 527℃(800K)에서 $Zn-Cd$ 용액이 몰분율이 같을 때(equiatomic solution) 규칙(regular) 거동을 보인다고 가정하면 이때, Zn과 Cd의 혼합 분몰 열(partial molar heat of mixing)값, 혼합 적분 몰 열(integral molar heat of mixing)값, 혼합 적분 몰 엔트로피(integral molar entropy of mixing)값, Zn과 Cd의 혼합 분몰 자유 에너지(partial molar free energy of mixing)값 그리고 혼합 적분 몰 자유 에너지(integral molar free energy of mixing)값를 구해라.

풀이

(1) 만약 $Zn-Cd$이 규칙용액이라면 식 (7.25)를 따를 것이다.

$$\frac{\ln\gamma_{Cd}}{X_{Zn}^2} = \frac{\alpha}{RT} \qquad \cdots (7.B.1)$$

여기서 α는 조성에 무관한 상수이다. 따라서 식 (7.B.1)은 다음과 같이 쓸 수도 있다.

$$\frac{\log\gamma_{Cd}}{(1-X_{Cd})^2} = constant$$

X_{Cd}에 따른 $\frac{\log\gamma_{Cd}}{(1-X_{Cd})^2}$을 표로 만들면 다음과 같다.

X_{Cd}	$(1-X_{Cd})^2$	γ_{Cd}	$\log\gamma_{Cd}$	$\log\gamma_{Cd}/(1-X_{Cd})^2$
0.2	0.64	2.153	0.3330	0.5202
0.3	0.49	1.817	0.2593	0.5291
0.4	0.36	1.544	0.1886	0.5240
0.5	0.25	1.352	0.1309	0.5236

위의 계산으로부터 $\frac{\log\gamma_{Cd}}{(1-X_{Cd})^2}$가 조성에 관계없이 일정한 값을 가짐을 알 수 있다. 따라서 이 용액은 규칙 거동을 보인다.

(2) 규칙용액이므로

$$\frac{\log\gamma_{Cd}}{(1-X_{Cd})^2}=\frac{\log\gamma_{Zn}}{(1-X_{Zn})^2}$$

성분의 몰분율이 같은 용액(equiatomic solution)일 때 즉 $X_{Zn}=X_{Cd}=0.5$일 때 규칙거동을 보인다고 하였으므로

$$\frac{\log 1.352}{(0.5)^2}=\frac{\log\gamma_{Zn}}{(0.5)^2}$$

$$\gamma_{Zn}=1.352$$

식 (7.22)에 의해 Zn의 혼합 분몰 열(partial molar heat of mixing)값은 다음과 같다.

$$\begin{aligned}\overline{H}^M_{Zn}&=RT\ln\gamma_{Zn}\\&=4.575\times 800\times\log 1.352\\&=479\,cal/mole.\end{aligned}$$

같은 방법으로 Cd의 혼합 분몰 열(partial molar heat of mixing)값은

$$\begin{aligned}\overline{H}^M_{Cd}&=4.575\times 800\times\log 1.352\\&=479\,cal/mole.\end{aligned}$$

따라서 혼합 적분 몰 열(integral molar heat of mixing)은

$$\Delta H^M = X_{Zn}\overline{H}_{Zn}^M + X_{Cd}\overline{H}_{Cd}^M$$
$$= 0.5\times 479 + 0.5\times 479$$
$$= 479\, cal/mole.$$

식 (7.20)에 의해 혼합 적분 몰 엔트로피(integral molar entropy of mixing)값은 다음과 같다.

$$\Delta S^M = -R(X_A \ln X_A + X_B \ln X_B)$$
$$= -4.575\,(0.5\log 0.5 + 0.5\log 0.5)$$
$$= 1.377\, cal/\deg/mole.$$

*Zn*와 *Cd*의 혼합 분몰 자유 에너지(partial molar free energy of mixing)값은 식 (7.19)를 이용해 구할 수 있다.

$$\overline{G}_{Zn}^M = RT\ln a_{Zn}$$
$$= 4.575\times 800\times \log(1.352\times 0.5)$$
$$= -622.4\, cal/mole.$$

동일한 방법으로

$$\overline{G}_{Cd}^M = -622.4\, cal/mole.$$

따라서 혼합 적분 몰 자유 에너지(integral molar free energy of mixing)값은 다음과 같다.

$$\Delta G^M = X_{Zn}\overline{G}_{Zn}^M + X_{Cd}\overline{G}_{Cd}^M$$
$$= -0.5\times 622.4 - 0.5\times 622.4$$
$$= -622.4\, cal/mole$$

■

7.5 깁스 - 듀헴 방정식의 활용 (Application of the Gibbs - Duhem Equation)

2성분계 용액에서 한 성분의 농도에 따른 분몰량의 변화를 알고 있을 때 다른 성분의 분몰량을 구하는 방법

6.3절에서 소개되었던 깁스 - 듀헴 방정식(Gibbs - Duhem equation)은 2성분계 용액(binary solution)에서 한 성분의 농도에 따른 분몰량(partial molar quantity)의 변화 값을 알고 있다면 이로부터 다른 성분의 분몰량(partial molar quantity)을 구할 때 매우 유용하게 사용될 수 있다. 이미 이성분계 A - B 용액에선 깁스 - 듀헴 방정식(Gibbs - Duhem equation)을 다음과 같이 쓸 수 있다고 배운 바 있다.

$$X_A d\overline{Z_A} + X_B d\overline{Z_B} = 0$$

따라서 이성분계 A - B 용액에서 B의 몰분율 변화(X_B)에 따른 분몰량 $\overline{Z_B}$의 변화를 안다면 이로부터 특정조성(원하는 조성) $X_A = X_A$에서 분몰량 $\overline{Z_A}$를 계산할 수 있다.

식 (6.14)로부터

$$d\overline{Z_A} = -\frac{X_B}{X_A} d\overline{Z_B}$$

이고, 위 식을 부정적분을 하면 아래와 같이 나타낼 수 있다.

$$\int d\overline{Z_A} = -\int \frac{X_B}{X_A} d\overline{Z_B}$$

여기서 적분범위를 선택해야 한다. 적분상한(upper limit)은 반드시 구하려는 조성(알고자 하는 조성)이 $X_A = X_A$이어야 하고, 적분하한(lower limit)은 $\overline{Z_A}$ 값을 알고 있는 조성이면 무엇이든 가능하나 보통 도식적 방법(graphical method)로부터 구하기 위해선 $X_A = 1$일 때 $\overline{Z_A}$로 하는 것이 편리하다. 따라서

$$\int_{X_A=1}^{X_A=X_A} d\overline{Z_A} = -\int_{X_A=1}^{X_A=X_A} \frac{X_B}{X_A} d\overline{Z_B}$$

즉 구하려는 특정조성(원하는 조성) $X_A = X_A$ 에서 분몰량 $\overline{Z_A}$ 는

$$[\overline{Z_A}]_{X_A = X_A} = [\overline{Z_A}]_{X_A = 1} - \int_{X_A = 1}^{X_A = X_A} \frac{X_B}{X_A} d\,\overline{Z_B} \qquad \cdots (7.27)$$

위 식 좌측의 적분은 도식적으로 풀 수 있어 특정조성(원하는 조성) $X_A = X_A$ 에서 분몰량 $\overline{Z_A}$ 값을 구할 수 있다.

문제 7.C

500℃(773K)에서 고체 Au-Cu 합금 내에서의 Au의 혼합 분몰 엔트로피 값이 조성에 따라 다음과 같이 측정되었다. 40atom% Cu를 포함하는 용액 내에서 Cu의 혼합 분몰 엔트로피를 구하여라.

X_{Au}	0.1	0.2	0.3	0.4	0.5	0.6	0.7	0.8	0.9
$\overline{S}_{Au}^M$	4.56	2.87	2.20	1.84	1.42	1.04	0.72	0.44	0.21

풀이

식 (6.16)으로부터 다음 식을 얻는다.

$$X_{Au} d\overline{S}_{Au}^M + X_{Cu} d\overline{S}_{Cu}^M = 0,$$

또는

$$d\overline{S}_{Cu}^M = -\frac{X_{Au}}{X_{Cu}} d\overline{S}_{Au}^M$$

상한을 $X_{Cu} = 0.4$, 하한을 $X_{Cu} = 1$로 두고 적분을 한다.

$$\int_{X_{Cu}=1.0}^{X_{Cu}=0.4} d\overline{S}_{Cu}^M = \int_{X_{Cu}=1.0}^{X_{Cu}=0.4} \frac{X_{Au}}{X_{Cu}} d\overline{S}_{Au}^M$$

또는

$$\left[\overline{S}_{Cu}^M\right]_{X_{Cu}=0.4} - \left[\overline{S}_{Cu}^M\right]_{X_{Cu}=1.0} = -\int_{X_{Cu}=1}^{X_{Cu}=0.4} \frac{X_{Au}}{X_{Cu}} d\overline{S}_{Au}^M$$

$X_{Cu} = 1.0$ 일 때 $\overline{S}_{Cu}^M = 0$이므로

$$[\overline{S}^M_{Cu}]_{X_{Cu}=0.4} = \int_{X_{Cu}=0.4}^{X_{Cu}=1.0} \frac{X_{Au}}{X_{Cu}} d\overline{S}^M_{Au} \qquad \cdots (7.C.1)$$

적분을 풀기 위해 $\left[\frac{X_{Au}}{X_{Cu}}\right]$를 Y축, $\overline{S}^M_{Au}$를 X축으로 그래프를 그린다.

X_{Au}	0.1	0.2	0.3	0.4	0.5	0.6	0.7	0.8	0.9
X_{Cu}	0.9	0.8	0.7	0.6	0.5	0.4	0.3	0.2	0.1
$\frac{X_{Au}}{X_{Cu}}$	0.11	0.25	0.43	0.67	1.00	1.50	2.33	4.00	9.00
$\overline{S}^M_{Au}$	4.56	2.87	2.20	1.84	1.42	1.04	0.72	0.44	0.21

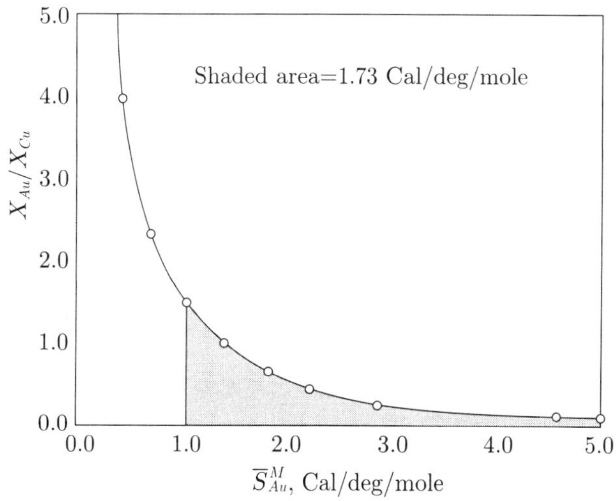

그림 7.2. 식 (7.C.1) 적분의 도식적 방법 해설

$$X_{Cu} = 0.4 \rightarrow \frac{X_{Au}}{X_{Cu}} = 1.50$$

$$X_{Cu} = 1.0 \rightarrow \frac{X_{Au}}{X_{Cu}} = 0$$

$$[\overline{S}^M_{Cu}]_{X_{Cu}=0.4} = 1.73\, cal/\mathrm{deg}/mole$$

그러나 위의 그래프식 적분은 $\frac{X_{Au}}{X_{Cu}}$ → 0으로 감에 따라 곡선이 ∞의 $\overline{S}^M_{Au}$값으로 접근하는 형태여서 면적을 정확히 잴 수 없고 따라서 정확한 값을 얻을 수 없다.■

2성분계 용액에서 한 성분의 활동도값을 알고 있을 때 다른 성분의 활동도값을 구하는 방법

이성분계 용액에서 두 성분의 활동도 값을 모두 측정하기란 귀찮고 힘든 일이다. 한 성분의 활동도 값을 알고 있을 때 다른 성분의 활동도 값을 구하는 방법은 3가지이나 마지막 방법으로 갈수록 더 정확한 활동도 값을 구할 수 있게 되었다.

▶ [방법 1]

이제 이성분계 A - B용액(A - B binary solution)에서 B의 몰분율 X_B에 따른 B의 활동도 a_B 값을 알고 있을 때 임의의 조성($X_A = X_A$)에서의 A의 활동도 a_A는 깁스 - 듀헴 방정식(Gibbs -Duhem equation)을 사용하여 구하려는 특정조성(원하는 조성) $X_A = X_A$ 에서 A의 활동도(activity) a_A를 구할 수 있다.

식 (6.18)로부터

$$X_A d\overline{G_A} + X_B d\overline{G_B} = 0$$

이고 $d\overline{G_A} = RTd\ln a_A$와 $d\overline{G_B} = RTd\ln a_B$를 위 식에 대입하면

$$X_A RTd\ln a_A + X_B RTd\ln a_B = 0$$

이므로 RT를 제거하면

$$X_A d\ln a_A + X_B d\ln a_B = 0 \qquad \cdots(7.28)$$

라 쓸 수 있고 ln을 log로 바꾸면

$$X_A d\log a_A + X_B d\ln a_B = 0$$

이므로 즉 다음과 같다.

$$d\log a_A = -\frac{X_B}{X_A} d\log a_B \qquad \cdots(7.29)$$

따라서 위 식을 사용하면 한 성분의 몰분율(mole fraction)에 따른 그 성분의 활동도 데이터로부터 다른 성분의 활동도를 계산할 수 있다.

위 식을 적분하면

$$\int d\log a_A = -\int \frac{X_B}{X_A} d\log a_B \quad \cdots (7.30)$$

이고, 이때 적분상한(upper limit)과 적분하한(lower limit)은 다음 같은 요령에 따라 정한다. 적분상한은 반드시 구하려는 특정 조성(원하는 조성) $X_A = X_A$로 잡고 적분하한은 a_A의 값을 알고 있는 조건을 택하여야 하나 순수한 A 성분으로 있을 때인 $X_A = 1$일 때 $a_A = 1$이므로 이 값을 적분하한으로 잡는 것이 편리하다. 따라서

$$\int_{X_A=1}^{X_A=X_A} d\log a_A = -\int_{X_A=1}^{X_A=X_A} \frac{X_B}{X_A} d\log a_B$$

이므로 적분하면, 즉

$$[\log a_A]_{X_A=X_A} - [\log a_A]_{X_A=1} = -\int_{X_A=1}^{X_A=X_A} \frac{X_B}{X_A} d\log a_B$$

가 되고 결국

$$[\log a_A]_{X_A=X_A} = -\int_{X_A=1}^{X_A=X_A} \frac{X_B}{X_A} d\log a_B \quad \cdots (7.31)$$

위 식의 적분은 도식적으로 적분의 해를 구할 수 있다. 이 적분계산을 위해선 $\frac{X_B}{X_A}$을 Y축으로, $(-\log a_B)$를 X축으로 그래프를 그려 풀 수 있다. 그러나 이 방법을 통해 구한 activity 적분 값은 정확하게 구하기 어렵다. 그래프를 그려보면 X_A가 0으로 작아짐에 따라 ($\frac{X_B}{X_A}$ 값이 무한대 값을 갖는 경우) 곡선은 일정한 값으로 수렴하지 않고 무한대 값으로 증가하고 또 X_A가 1로 감에 따라($\frac{X_B}{X_A}$ 값이 0으로 가도) $-\log a_B$는 무한대로 됨에 따라 정확히 면적을 구할 수 없어 이 방법으로 구한 활동도는 정확한 값이라 하기 어려운 큰 오차를 갖게 된다.

따라서 더 정확한 활동도 값을 구하려면 형태는 식 (7.29)와 유사하지만 활동도 대신에 활동도 계수(activity coefficient)로 표시된 깁스-듀헴 방정식을 사용하면 [방법 1]의 단점을 보완하여 더 정확한 활동도 값을 구할 수 있는 [방법 2]를 생각하게 되었다.

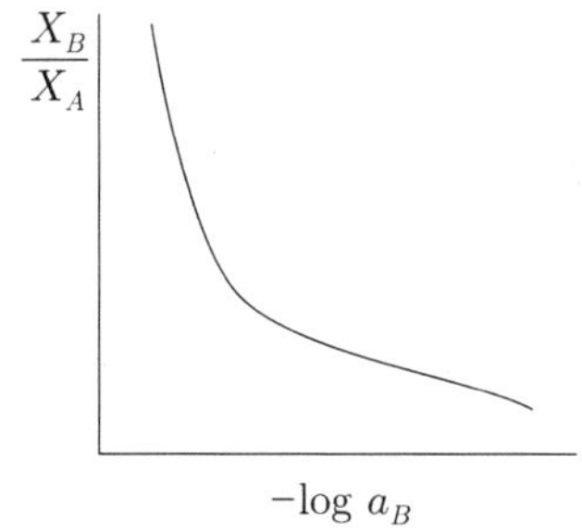

그림 7.3. [방법 1] 적분의 도식적 방법

▶ [방법 2]

식 (7.28)을 이용해 더 정확한 활동도 값을 구할 수 있다. 이성분계 용액(binary solution)에서

$$X_A + X_B = 1$$

양변을 미분을 하면

$$dX_A + dX_B = 0$$

이므로 위 식의 첫 번째 항에 $\frac{X_A}{X_A}$를, 두 번째 항에 $\frac{X_B}{X_B}$를 곱해주면

$$X_A \frac{dX_A}{X_A} + X_B \frac{dX_B}{X_B} = 0$$

라 쓸 수 있고, 따라서

$$X_A d\ln X_A + X_B d\ln X_B = 0 \quad \cdots (7.32)$$

을 얻을 수 있다. 식 (7.28)에서 (7.32)를 빼주면 활동도 계수(activity coefficient)의 식으로 바꾸면

$$X_A d\ln\gamma_A + X_B d\ln\gamma_B = 0$$

이 되고 ln을 log 식으로 바꾸면

$$X_A d\log\gamma_A + X_B d\log\gamma_B = 0 \quad \cdots (7.33)$$

이 되어, 따라서

$$d\log\gamma_A = -\frac{X_B}{X_A}d\log\gamma_B \qquad \cdots (7.34)$$

라 쓸 수 있다. 식 (7.34)를 적분한계 $X_A = X_A$와 $X_A = 1$ 사이 값으로 적분하면

$$[\log\gamma_A]_{X_A = X_A} - [\log\gamma_A]_{X_A = 1} = -\int_{X_A=1}^{X_A = X_A}\frac{X_B}{X_A}d\log\gamma_B$$

$X_A = 1$일 때 활동도(activity)=몰분율(mole fraction)이므로 $\gamma_A = 1$이 되어 결국

$$[\log\gamma_A]_{X_A = X_A} = -\int_{X_A=1}^{X_A = X_A}\frac{X_B}{X_A}d\log\gamma_B \qquad \cdots (7.35)$$

라 할 수 있다. 이전의 방법과 유사하게 이 적분도 도식적으로 해를 구할 수 있다. 따라서 위 식으로부터 γ_A값을 구하면 특정조성 $X_A = X_A$에서의 A성분의 활동도 a_A값을 구할 수 있다. 다시 말하면 특정 조성 $X_A = X_A$에서 A의 활동도 a_A값을 정확하게 구하려면 B의 활동도 a_B값을 이 성분의 활동도 계수 γ_B값으로 바꾸고 식 (7.35)을 사용하여 원하는 조성에서 A의 활동도 계수 γ_A를 구한 다음 이 값으로부터 A의 활동도 a_A를 구하면 된다. 따라서 B성분의 활동도 계수 γ_B 값은 항상 유한값을 가지므로 $X_A = 1$ 근처에서 적분의 도식적으로 계산하는데 오차 없이 쉽게 구할 수 있다. 그러나 이 경우도 $X_A \rightarrow 0$일 때 X_B/X_A가 역시 무한히 증가하기 때문에 수렴한 값을 갖지 않으므로 여전히 적분으로 면적을 도식적으로 계산하는데 어려움이 남게 되는 문제점이 발생하게 된다.

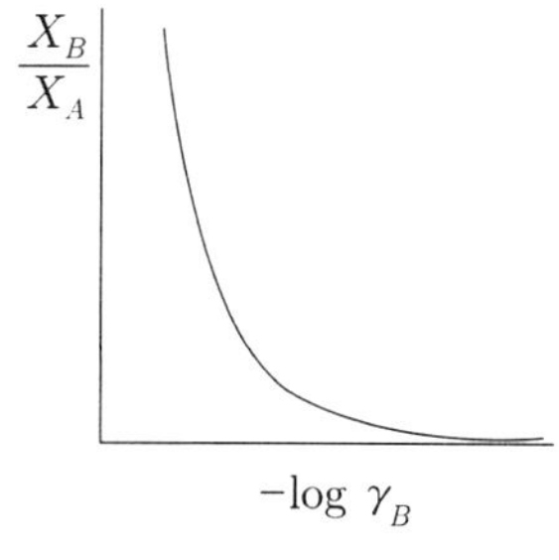

그림 7.4. [방법 2] 적분의 도식적 방법

그러나 이 어려움도 아래에서 설명하는 [방법 3]을 사용하면 쉽게 극복할 수 있어 특정조성에서 특정 성분의 활동도(activity)값을 정확하게 구할 수 있다.

▶ [방법 3]

식 (7.33) $X_A d\log\gamma_A + X_B d\log\gamma_B = 0$ 을 양변 dX_B로 나누면

$$X_A \frac{d\log\gamma_A}{dX_B} + X_B \frac{d\log\gamma_B}{dX_B} = 0$$

가 되고, 따라서

$$d\log\gamma_A = -\frac{X_B}{X_A}\frac{d\log\gamma_B}{dX_B}\,dX_B$$

라고 쓸 수 있고, 위 식의 적분상한(upper limit)을 $X_A = X_A$로, 적분하한(lower limit)을 $X_A = 1$ 사이에서 적분을 하면

$$\int_{X_A=1}^{X_A=X_A} d\log\gamma_A = -\int_{X_A=1}^{X_A=X_A}\frac{X_B}{X_A}\frac{d\log\gamma_B}{dX_B}\,dX_B$$

이 되고, 위 식의 우변적분을 부분적분 방식으로 해결하고 정리하면 다음과 같이 된다.

$$[\log\gamma_A]_{X_A=X_A} = -\left[\frac{X_B}{X_A}\log\gamma_B\right]_{X_A=1}^{X_A=X_A} + \int_{X_A=1}^{X_A=X_A}\frac{\log\gamma_B}{X_A^2}\,dX_B \quad \cdots (7.36)$$

식 (7.36)의 적분은 Y축을 $\frac{\log\gamma_B}{X_A^2}$ 으로, X축을 X_B로 하여 도식적으로 적분을 구할 수 있다. 적분 값은 적분한계 $X_A = X_A$ 및 $X_A = 1$ 사이에서 놓여있는 곡선 밑의 면적이 된다. 이렇게 그려진 곡선은 그림 7.5에서 보는 바와 같이 어떤 축으로도 유한한 값을 가지므로 이러한 방법으로 구한 활동도 계수 γ_A 값은 아주 정확한 값을 얻게 됨에 따라 이 값으로부터 얻은 활동도 값도 매우 정확한 값이 된다. 활동도를 그래프식 적분을 통해 얻는 [방법 1], [방법 2], [방법 3]의 비교를 위해 아래 예제를 함께 다루고 있으므로 풀어보면 그 의미를 쉽게 이해할 수 있을 것이다.

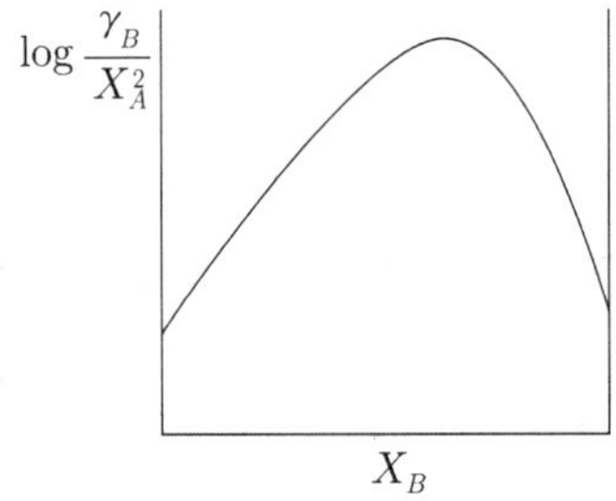

그림 7.5. [방법 3] 적분의 도식적 방법

과제 식 (7.36)의 부분적분으로 풀어보기

$$\int_{X_A=1}^{X_A=X_A} \log\gamma_A = -\int_{X_A=1}^{X_A=X_A} \frac{X_B}{X_A}\frac{d\log\gamma_B}{dX_B}dX_B$$

$$[\log\gamma_A]_{X_A=X_A} = -\left[\frac{X_B}{X_A}\log\gamma_B\right]_{X_A=1}^{X_A=X_A} + \int_{X_A=1}^{X_A=X_A}\frac{\log\gamma_B}{X_A^2}dX_B$$

문제 7.D

1250℃(1523K)에서 Cr - Ti 용액에 대해 다음과 같은 데이터를 얻었다.

X_{cr}	0.09	0.19	0.27	0.37	0.47	0.67	0.78	0.89
a_{Cr}	0.302	0.532	0.660	0.778	0.820	0.863	0.863	0.906

Cr - Ti 용액의 Ti 함량이 60atom%일 때 Ti의 활동도를 구하라.

풀이 Cr - Ti 용액을 식 (7.30)으로 표현한다.

$$\int d\log a_{Ti} = -\int \frac{X_{Cr}}{X_{Ti}} d\log a_{Cr}$$

X_{Ti}=0.6과 X_{Ti}=1.0 범위로 적분을 하면,

$$\int_{X_{Ti}=1.0}^{X_{Ti}=0.6} d\log a_{Ti} = -\int_{X_{Ti}=1.0}^{X_{Ti}=0.6}\frac{X_{Cr}}{X_{Ti}}d\log a_{Cr}$$

또는 $$[\log a_{Ti}]_{X_{Ti}=0.6} = \int_{X_{Ti}=0.6}^{X_{Ti}=1.0}\frac{X_{Cr}}{X_{Ti}}d\log a_{Cr} \quad \cdots (7.D.1)$$

위 적분의 값을 구하기 위해 그래프를 그리기 위한 값들을 표로 정리하고 X_{Cr}/X_{Ti}를 $(-\log a_{Cr})$에 대해 플롯하여 그래프를 그린다. 표로 정리하는 것이 중요한 이유는 풀이 과정이 복잡하기 때문에 실수를 할 가능성이 높기 때문이다. 보기 쉽게 정리를 해야 실수를 줄일 수 있다. 열역학이란 결국 계산을 통해 화학 반응의 정보를 알아내는 것이다. 현장에서 활용할 때 계산 과정에서 실수를 하면 모르는 것보다

나쁜 결과를 초래할 수 있음을 유의해야 한다.

X_{Cr}	$\dfrac{X_{Cr}}{X_{Ti}}$	a_{Cr}	$(-\log a_{Cr})$
0.09	0.0989	0.302	0.520
0.19	0.2346	0.532	0.274
0.27	0.3699	0.660	0.180
0.37	0.5873	0.778	0.109
0.47	0.8867	0.820	0.086
0.67	2.0310	0.863	0.064
0.78	3.5460	0.863	0.064
0.89	8.0910	0.906	0.043

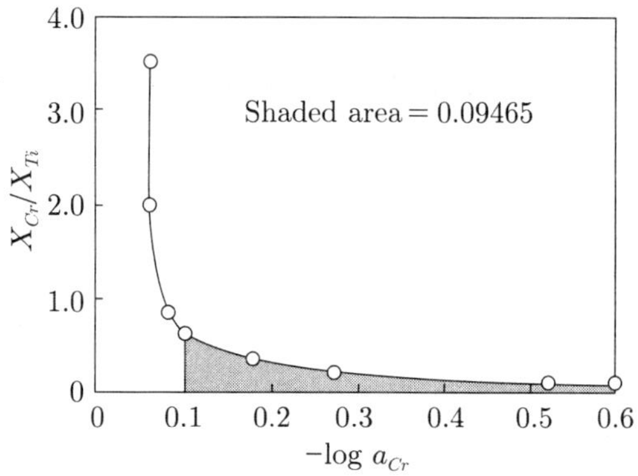

그림 7.6. 식 (7.E.1)의 도식적 풀이

$-\log a_{Cr}$과 $X_{Ti}=0.6\left(\dfrac{X_{Cr}}{X_{Ti}}=0.666\right)$, $X_{Ti}=1.0\left(\dfrac{X_{Cr}}{X_{Ti}}=0\right)$ 사이의 넓이는 밑변을 0.05로 하는 사다리꼴의 넓이를 구하고 모두 더해서 구할 수 있다. 그러나 $-\log a_{Cr}$에 의한 영역은 무한히 길어지는 경향이 있다. 따라서 영역의 정확한 넓이를 구할 수 없다. 그래프에 의해 구한 영역의 넓이는 0.09465이다. 그러므로

$$-[\log a_{Ti}]_{X_{Ti}=0.6} = 0.09465$$

또는

$$[a_{Ti}]_{X_{Ti}=0.6} = 0.8041$$

Cr-Ti 용액에서 Ti 함량이 60atom%일 때 Ti의 활동도는 0.8041이다.

더욱 정확한 풀이는 식 (7.35)를 사용해 구할 수 있다.

$$[\log \gamma_{Ti}]_{X_{Ti}=0.6} = \int_{X_{Ti}=0.6}^{X_{Ti}=1.0} \frac{X_{Cr}}{X_{Ti}}\, d\log \gamma_{Cr} \qquad \cdots (7.D.2)$$

이 적분을 계산하기 위해, X_{Cr}/X_{Ti}를 $\log\gamma_{Cr}$에 대해 플롯한 그래프가 필요하다.

X_{Cr}	X_{Cr}/X_{Ti}	a_{Cr}	γ_{Cr}	$\log\gamma_{Cr}$
0.9	0.0989	0.302	3.356	0.5258
0.19	0.2346	0.532	2.800	0.4472
0.27	0.3699	0.660	2.444	0.3881
0.37	0.5873	0.778	2.103	0.3228
0.47	0.8867	0.820	1.745	0.2417
0.67	2.0310	0.863	1.288	0.1100
0.78	3.5460	0.863	1.106	0.0437
0.89	8.0910	0.906	1.018	0.0076

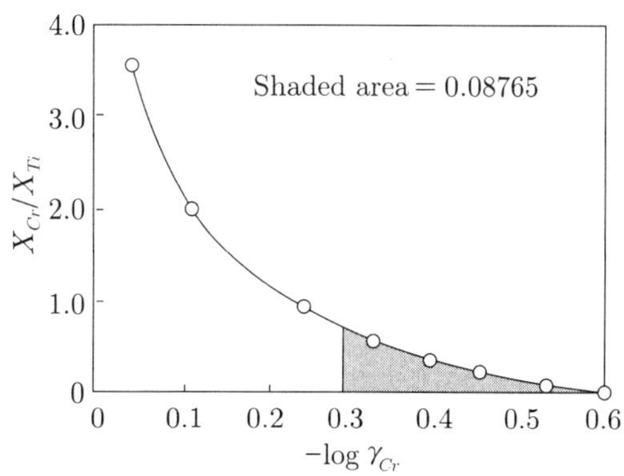

그림 7.7. 식 (7.D.2)의 도시적 풀이

$\log\gamma_{Cr}$과 $X_{Ti} = 0.6\left(\dfrac{X_{Cr}}{X_{Ti}} = 0.666\right)$, $X_{Ti} = 1.0\left(\dfrac{X_{Cr}}{X_{Ti}} = 0\right)$ 사이의 영역의 넓이는 밑변을 0.05로 하는 사다리꼴의 넓이를 구하고 모두 더해서 구할 수 있다. 그래프에 의해 영역의 넓이는 0.08765이다. 그러므로

$$[\log\gamma_{Ti}]_{X_{Ti}=0.6} = 0.08765$$

또는

$$[\gamma_{Ti}]_{X_{Ti}=0.6} = 1.224$$

$$a_{Ti} = \gamma_{Ti} \cdot X_{Ti},$$

$$[a_{Ti}]_{X_{Ti}=0.6} = 1.224 \times 0.6$$

$$= 0.7344$$

Cr-Ti 용액에서 Ti 함량이 60atom%일 때 Ti의 활동도는 0.7344이다. 이 방법으로 구해진 활동도는 첫 번째 방법보다 더욱 정확한 값을 갖는다. ■

문제 7.E

1100℃(1373K)에서 Al - Cu 합금에서 Cu의 활동도가 다음과 같다.

X_{Al}	0.1	0.2	0.3	0.4	0.5	0.6	0.7	0.8
a_{Cu}	0.86	0.61	0.34	0.18	0.08	0.045	0.02	0.01

1100℃(1373K)에서 Al - Cu 합금이 5atom%의 Al을 포함할 때의 Al의 활동도를 계산해라.

풀이

이전 문제에서처럼 어느 한 성분의 함량이 충분히 존재할 때, 그 성분의 활동도를 구하는 것은 식 (7.35)를 통해 해결할 수 있다. 그러나 미지의 성분의 함량이 매우 작을 때에는 X_A/X_B의 값이 무한에 가까워져 정확한 값을 구할 수 없게 된다. 이러한 경우는 식 (7.36)을 이용해서 푸는 것이 최선의 방법이다. 식 (7.36)을 적용하면 다음과 같다.

$$[\log\gamma_{Al}]_{X_{Al}=0.05} = -\left[\frac{X_{Cu}}{X_{Al}}\log\gamma_{Cu}\right]_{X_{Al}=1.0}^{X_{Al}=0.05} + \int_{X_{Al}=1.0}^{X_{Al}=0.05}\frac{\log\gamma_{Cu}}{X_{Al}^2}\,dX_{Cu} \quad \cdots (7.E.1)$$

식 (7.E.1)의 적분 값은 $\dfrac{\log\gamma_{Cu}}{X_{Al}^2}$과 X_{Cu}의 곡선에서 $X_{Al}=0.05(X_{Cu}=0.95)$부터 $X_{Al}=1.0(X_{Cu}=0)$까지 영역의 넓이로 주어진다. 데이터가 부족한 영역은 외삽을 통해 그린다. 곡선 영역의 넓이는 밑변을 0.05로 하는 사다리꼴의 넓이를 구하고 더해서 구할 수 있다.

X_{Al}	X_{Cu}	a_{Cu}	γ_{Cu}	$\dfrac{\log\gamma_{Cu}}{X_{Al}^2}$
0.1	0.9	0.860	0.9557	−1.970
0.2	0.8	0.610	0.7625	−2.945
0.3	0.7	0.340	0.4857	−3.484
0.4	0.6	0.180	0.3000	−3.268
0.5	0.5	0.080	0.1600	−3.184
0.6	0.4	0.045	0.1125	−2.636
0.7	0.3	0.020	0.0666	−2.400
0.8	0.2	0.010	0.0500	−2.032

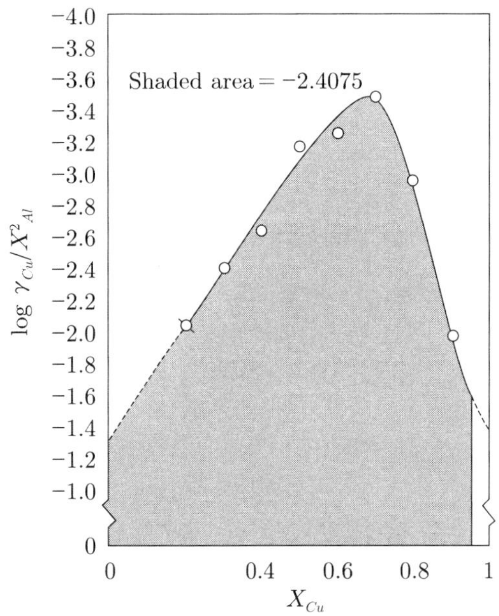

그림 7.8. 식 (7.E.1)의 도식적 풀이

식 (7.E.1)의 다른 항을 풀기 위해 X_{Al}=0.05일 때의 $\log\gamma_{Cu}$ 값을 알아야 한다. 그림 7.8로부터

$$at\, X_{Al} = 0.05,\ \frac{\log\gamma_{Cu}}{X_{Al}^2} = -1.58$$

따라서 $\log\gamma_{Cu} = -0.00395$.

식 (7.E.1)에 값들을 대입한다.

$$[\log\gamma_{Al}]_{X_{Al}=0.05} = -\left[\frac{0.95}{0.05}\times(-0.00395)\right]+(-2.4075)$$
$$= 0.0750 - 2.4075 = -2.3325$$

로그를 제거해주면,

$$[\gamma_{Al}]_{X_{Al}=0.05} = 0.00465$$

$$[a_{Al}]_{X_{Al}=0.05} = 0.00465 \times 0.05 = 0.0002325$$

1100℃(1373K)에서 Al - Cu 합금이 5atom%의 Al을 포함할 때의 Al의 활동도는 0.0002325이다. ■

7장 연습문제

1. 시버트의 법칙을 기술하라.

2. 혼합 함수란 무엇인지 기술하라.

3. 과잉 함수를 정의하고 $H^{XS} = -RT^2\left[X_A(\frac{\partial \ln\gamma_A}{\partial T})_{p,X_A} + X_B(\frac{\partial \ln\gamma_B}{\partial T})_{p,X_B}\right]$임을 증명하라.

4. 규칙 용액을 정의하고 2성분계 용액에서 규칙성을 확인하는 테스트를 기술하라.

5. 1077℃(1350K), 1기압하에서 194c.c.의 산소가 100g의 은에 용해된다. 같은 온도에서 부분압이 130$mmHg$일 때 은의 산소 용해도를 계산하라. 또한 1077℃(1350K)에서 공기 중의 산소가 얼마나 100g의 은에 용해될지 계산하라. 공기는 산소를 21% 포함한다. 은이 시버트의 법칙을 따른다고 가정한다.

6. 1027℃(1300K) 1기압하에서 $Cu-Zn$ 합금에 들어있는 구리의 활동도 계수가 다음과 같이 주어진다.

X_{Cu}	0.9	0.8	0.7	0.6
γ_{Cu}	0.981	0.922	0.837	0.728

$Cu-Zn$가 규칙 용액일 때, 80% Cu를 포함하는 합금에서의 혼합 완전 몰 자유에너지와 과잉 완전 몰 자유 에너지를 계산하라.

7 1027℃(1300K) 1기압하에서 $Cu-Zn$ 합금에 들어있는 아연의 과잉 분몰 자유에너지는 다음 식으로 표현된다.

$$\overline{G}_{Zn}^{Xs}(cal/mole) = -5150(1-X_{Zn})^2$$

각 성분의 몰분율이 같을 때 1027℃(1300K) 1기압하에서 구리의 활동도를 계산하라.

8 530℃(803K) 1기압하에서 Zn를 20% 함유한 고체 $Cd-Zn$ 합금에서 Zn의 혼합 분몰 열을 아래의 정보를 이용해 계산하여라.

X_{Cd}	1.0	0.9	0.8	0.8	0.6	0.5	0.4	0.3	0.2	0.1
$\overline{H}_{Cd}^{M}$ $cal/mole$	0	30	90	190	300	440	630	890	1170	1710

연습문제 풀이

0장 연습문제 해답

1. 우리가 평소에 경험했던 사실을 법칙화하여 물질의 행동 변화를 정량적으로 묘사하는, 즉 화학반응의 정보를 예측하는 학문

2. 계 : 화학반응이 일어나는 곳, 물질의 행동 변화(상태가 변하는 곳)가 일어나는 장소를 말하며 [계의 종류]에는
열린 계 : 열, 일, 물질 모두 주변과 교환 가능한 계
닫힌 계 : 일과 열만 주변과 교환 가능한 계
단열 계 : 일만 주변과 교환 가능한 계
고립 계 : 주변과 교환이 불가능한 계

3. 독립 변수라는 과학적 도구로 계를 일정한 상태로 고정시킬 수 있다.

4. 독립 변수는 계의 상태를 유일하게 결정해 주는 변수이고 C+2개가 있다.

5. 자유도 : 화학반응을 일으키게 만드는 과학적 변수
$P.T.V.mass(n_1, \cdots, n_c) = C+3$, 여기서 C는 성분의 수이다.

6. 세기 성질은 상의 양에 비례하지 않는다. 온도, 압력, 밀도, 조성 등이 있다.
크기 성질은 상의 양에 비례한다. 부피, 내부 에너지, 엔탈피 등이 있다.

7. 상태 변수는 직접적으로 화학반응의 정보를 알아내는데 쓰이는 에너지 또는 에너지 관련 도구이다.
상태변수의 특징은 2가지가 있다. 먼저 초기 상태와 최종 상태만 알면 상태 기술이 가능하다. 즉, 에너지 보존법칙이 성립한다. 두 번째 특징은 완전 미분이 가능하다는 것이다.

$$dU = f(P, V) = \left(\frac{\partial U}{\partial P}\right)_V dP + \left(\frac{\partial U}{\partial V}\right)_P dV$$

1장 연습문제 해답

1. 에너지 보존법칙 : 질량이 일정한 계에서 에너지가 한 형태로부터 다른 형태로 바뀔지라도 생성되거나 소멸되지 않는다.
원통형 엔진에서 기체의 질량이 일정할 때 에너지 보존법칙은 수학적으로 다음과 같이 표현된다.

$$\Delta U = q - W$$

(U: 내부에너지, q =열에너지, W =일에너지)

2.

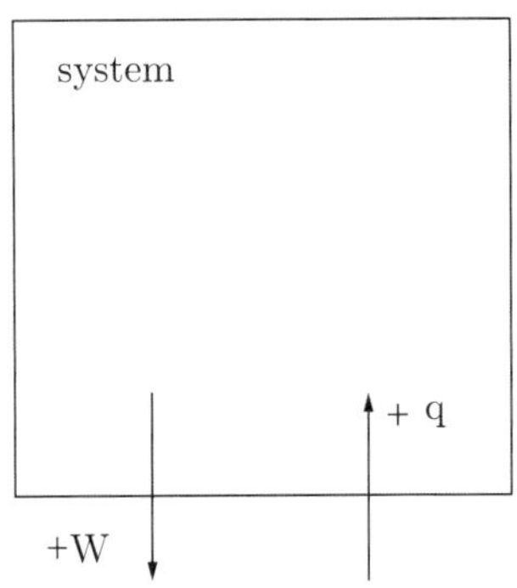

계(system)로부터 나온 열 : 음의 부호　　계(system)에 해준 일 : 음의 부호
계(system)로 들어간 열　: 양의 부호　　계(system)가 한 일　: 양의 부호

3. $U + PV = H$, 엔탈피 : 일정한 압력에서 계의 에너지 상태 변화를 모두 열 출입으로 보고자하여 에너지보존법칙으로 탄생된 도구로 화학 반응이 아래처럼 주어졌을 때

$$aA + bB \rightarrow cC$$

생성물의 열에너지 합으로부터 반응물의 열에너지 합을 뺀 ΔH값에 따라 2가지 반응으로 나눌 수 있다.

$\Delta H < 0$(발열반응) → 정반응, 자연적으로 일어나는 반응
$\Delta H > 0$(흡열반응) ← 역반응, 정반응이 절대 생기지 않음

4 $C=\frac{q}{\Delta T}$, 온도 1℃를 올리는데 필요한 열이 재료마다 다르므로 열에너지가 각 재료에 미치는 영향을 보정한 값을 말한다. 크기 성질이므로 양에 비례하고 더하거나 뺄 수 있다.

5 일정한 압력에서 $C_p=\left(\frac{\delta q}{dT}\right)_P=\left(\frac{dH}{dT}\right)_P$

6 반응열 : 반응물들이 완전히 반응하여 생성물을 만들 때 흡수되거나 방출하는 열
형성열 : 구성 원소들로부터 1몰의 화합물이 형성될 때 흡수되거나 방출하는 열
연소열 : 물질 1몰이 산소 중에서 완전히 탈 때 흡수되거나 방출하는 열
용해열 : 한 물질이 다른 물질 속에 완전히 녹을 때 흡수되거나 방출하는 열

7 특정한 온도에서
고체 : 1기압하에서 가장 안정한 상태
액체 : 1기압하에서 가장 안정한 상태
기체 : 1기압하

8 ① 화학 반응에 참여하는 재료들이 표준 상태에 있다면 재료들의 엔탈피 값 위에 ^{0}첨자로 표시한다.
② Δ(변화 값)는 항상 생성물의 엔탈피 값의 합에서 반응물의 엔탈피 값의 합 차이를 말한다.
③ 25℃ 1기압하의 원소가 갖는 엔탈피 값을 0이라 약속하여 표준 기준으로 정하였다.
④ 화학 반응 기술시 고체 : <>, 액체 : {}. 기체 : ()로 표시한다.

9 화학 반응이 하나의 단계로 일어나든 여러 단계로 일어나든 간에 온도와 압력이 일정하다면(표준 상태에 있다면) 에너지 보존법칙에 의해 엔탈피 변화 값은 같다.

10
$$W = \int_1^2 P dV = \int_1^2 \frac{nRT}{V} dV = nRT\ln\frac{V_2}{V_1}$$

따라서
$$10000 = 2 \times 1.987 \times T \times \ln\frac{10V_1}{V_1}$$

$$T = 1092.8K$$

이때의 온도는 1092.8K이다. 부피 역시 이상기체 방정식을 이용해 구할 수 있다.

$$V_1 = \frac{nRT}{P_1} = 2 \times 0.08205 \times 1092.8/100 = 1.79l$$

11 식 (1.18)을 이용하면

$$\begin{aligned}\Delta H^0_{1980,\,NiO} &= \Delta H^0_{298,\,NiO} + \int_{298}^{1980} C_{p,\,NiO}\, dT \\ &= -57500 + 12.91T\Big|_{298}^{1980} \\ &= -57500 + 12.91(1980-298) \\ &= -35785\, cal/mole\end{aligned}$$

25℃(298K)에서 1707℃(1980K)까지 올리는데 필요한 열은

$$\Delta H^0_{1980,NiO} - \Delta H^0_{298,NiO} = -35785 - (-57500) = 21715\, cal/mole$$

12 반응 [1.12.1]에 대해

$$<Pb> + \frac{1}{2}(O_2) = <PbO> \qquad \cdots [1.12.1]$$

$$\Delta H^0_{298,\,[1.12.1]} = -52400\, cal$$

식 (1.19)를 이용하면,

$$\Delta H^0_{500,\,[1.12.1]} = \Delta H^0_{298,\,[1.12.1]} + \int_{298}^{500} [\sum C_{p,\,product} - \sum C_{p,\,reactant}]\,dT$$

$$= \Delta H^0_{298,\,[1.12.1]} + \int_{298}^{500} [C_{p,\,<PbO>} - C_{p,\,<Pb>} - \frac{1}{2} C_{p,\,(O_2)}]\,dT$$

$$= -52400 + \int_{298}^{500} \Big[(10.6 + 4.0 \times 10^{-3} T) - (5.63 + 2.33 \times 10^{-3} T)$$

$$- \frac{1}{2}(7.16 + 1.0 \times 10^{-3} T - 0.4 \times 10^5 T^{-2})\Big]\,dT$$

$$= -52400 + \int_{298}^{500} [1.39 + 1.17 \times 10^{-3} T + 0.2 \times 10^5\, T^{-2}]\,dT$$

$$= -52400 + 1.39(500 - 298) + \frac{1.17 \times 10^{-3}}{2}[500^2 - 298^2]$$

$$- 0.2 \times 10^5 \left(\frac{1}{500} - \frac{1}{298}\right)$$

$$= -51998\,cal$$

227℃(500K)에서 식 [1.12.1]의 표준 반응 엔탈피 변화 값은 $-51998cal$이다. 다시 말해서, 227℃(500K)에서 PbO의 표준 형성열이 $-51998cal/mole$이다. 따라서 정반응이 일어난다.

13

$$3 < FeO > + 2 < Al > = < Al_2O_3 > + 3 < Fe > \quad \cdots [1.13.1]$$

식 [1.13.1]의 25℃(298K), 1기압에서 표준 반응열은

$$\Delta H^0_{298,[1.13.1]} = \sum H^0_{298,\,product} - \sum H^0_{298,\,reactant}$$

$$= H^0_{298,\,<Al_2O_3>} + 3H^0_{298,\,<Fe>} - 3H^0_{298,\,<FeO>} - 2H^0_{298,\,<Al>}$$

25℃, 1기압하에서 원소의 엔탈피 값은 0이고 화합물의 표준 열 함량은 그것의 표준 형성열과 같다. 따라서 수식은

$$\Delta H^0_{298,[1.13.1]} = \Delta H^0_{298,\,<Al_2O_3>} - 3\Delta H^0_{298,\,<FeO>}$$

$$= -400 - 3 \times (-63.3)$$

$$= -210.1\,kcal$$

식 [1.13.1]의 표준 반응열은 $-210.1kcal$이다. 다시 말해서 25℃, 1기압하에서 3몰의 고체 Fe와 2몰의 고체 Al이 반응하여 25℃, 1기압하에서 1몰의 고체 Al_2O_3와 3몰의 고체 FeO를 형성할 때 반응열은 형성된 Al_2O_3 1몰당 $210.1kcal$이고, 3몰의 Fe가 형성되었기 때문에 Fe 1몰당 반응열은 $-210.1/3 = -70.03\,kcal$이며, 3몰의 FeO가 반응했기 때문에 FeO 1몰당 반응열은 $-210.1/3 = -70.03\,kcal$이 된다. 그리고 2몰의 Al이 반응했기 때문에 Al 1몰당 반응열은 $\frac{-210.1}{2} = -105.05\,kcal$이고 형성된 Fe 1g당 반응열은 $\frac{-70.03}{56} = -1.255\,kcal$이다.

14

$$Fe_2O_3 + 3CO = 2Fe + 3CO_2 \qquad \cdots [1.14.1]$$

주어진 수식을 더하고 빼서 원하는 반응식을 만든다.

$$3Fe_2O_3 + CO = 2Fe_3O_4 + CO_2 \qquad \cdots [1.14.2]$$

$$2Fe_3O_4 + 2CO = 6FeO + 2CO_2 \qquad \cdots [1.14.3]$$

$$6FeO + 6CO = 6Fe + 6CO_2 \qquad \cdots [1.14.4]$$

식 [1.14.2], [1.14.3], [1.14.4]을 더하면 다음과 같다.

$$3Fe_2O_3 + 9CO = 6Fe + 9CO_2 \qquad \cdots [1.14.5]$$

$$\begin{aligned} \Delta H^0_{298,[1.14.5]} &= -12.7 + 9.8 \times 2 + (-4.4) \times 6 \\ &= -19.5\,kcal \end{aligned}$$

따라서 원하는 반응식 [1.14.1]의 표준 반응열은

$\Delta H^0_{298,[1.14.1]} = -19.5/3 = -6.5\,kcal$ 이다.

15 25℃, 1기압하에서 다음 반응의 표준 반응열을 계산해야 한다.

$$< W > + \frac{3}{2}(O_2) = < WO_3 > \qquad \cdots [1.15.1]$$

식 [1.15.1]은 다음의 반응들로 이루어졌다고 간주할 수 있다.

$$3 < W> + 3(O_2) = 3 < WO_2 > \qquad \cdots [1.15.2]$$

$$3 < WO_2 > + (O_2) = < W_3O_8 > \qquad \cdots [1.15.3]$$

$$< W_3O_8 > + \frac{1}{2}(O_2) = 3 < WO_3 > \qquad \cdots [1.15.5]$$

식 [1.15.2], [1.15.3], [1.15.4]를 더하면 다음과 같은 식을 얻을 수 있다.

$$3 < W> + \frac{9}{2}(O_2) = 3 < WO_3 > \qquad \cdots [1.15.5]$$

헤스의 법칙에 의해

$$\begin{aligned} \Delta H^0_{298,\,[1.15.5]} &= \Delta H^0_{298,\,[1.15.2]} + \Delta H^0_{298,\,[1.15.3]} + \Delta H^0_{298,\,[1.15.4]} \\ &= (3 \times (-134)) + (-131.5) + (-66.5) \\ &= -600.0kcal \end{aligned}$$

식 [1.15.5]의 반응열을 3으로 나누면 식 [1.15.1]의 반응열을 얻을 수 있다. 따라서

$$\Delta H^0_{298,\,[1.15.1]} = -200.0\,kcal$$

그러므로 25℃, 1기압하에서 고체 WO_3의 표준 형성열은 $-200.0\,kcal$이며 정반응이 일어난다.

16

$$527^0 C(800K) \qquad \{Pb\} + \frac{1}{2}(O_2) = < PbO> \qquad \cdots [1.16.1]$$

$$327^0 C(600K) \qquad < Pb > = \{Pb\} \qquad \cdots [1.16.2]$$

$$25^0 C(298K) \qquad < Pb > + \frac{1}{2}(O_2) = < PbO> \qquad \cdots [1.16.3]$$

(1) 먼저 25℃(298K)부터 327℃(600K)까지 식 [1.16.3]의 표준 반응 엔탈피 변화 값을 계산한다.

$$\Delta H^0_{600,\,[1.16.3]} = \Delta H^0_{298,\,[1.16.3]} + \int_{298}^{600} \Delta C_{P,\,[1.16.3]}\, dT$$

$$(\text{준식}) = \int_{298}^{600} \Delta C_{P,\,[1.16.3]} dT$$

$$= \int_{298}^{600} \left[C_{P,\,<PbO>} - C_{P,\,<Pb>} - \frac{1}{2} C_{P,\,(O_2)} \right] dT$$

$$= \int_{298}^{600} \left[(10.6 + 4.0 \times 10^{-3}\,T) - (5.63 + 2.33 \times 10^{-3}\,T) \right.$$

$$\left. - \frac{1}{2}(7.16 + 1.0 \times 10^{-3}\,T - 0.4 \times 10^{5}\,T^{-2}) \right] dT$$

$$= \int_{298}^{600} [1.39 + 1.17 \times 10^{-3}\,T + 0.2 \times 10^{5}\,T^{-2}]\, dT$$

$$= 1.39(600 - 298) + \frac{1.17 \times 10^{-3}}{2}(600^2 - 298^2) - 0.2 \times 10^{5}\left[\frac{1}{600} - \frac{1}{298}\right]$$

$= 612.2\,cal$ 이므로

$$\Delta H^0_{600,\,[1.16.3]} = -52400 + 612.2 \text{ 이고}$$

(2) 327℃(600K)에서 $< Pb > = \{Pb\}$의 잠열이 1,150cal이다. 따라서 $\{Pb\} = < Pb >$는 $-1{,}150cal$이다.

(3) 327℃(600K)부터 527℃(800K)까지 식 [1.16.1]의 표준 반응 엔탈피 변화 값을 계산한다.

$$\Delta H^0_{800,\,[1.16.1]} = \Delta H^0_{600,\,[1.16.3]} + \text{잠열} + \int_{600}^{800} \Delta C_{P,[1.16.1]}\, dT$$

$$\text{준식} = \int_{600}^{800} \Delta C_{P,\,[1.16.1]}\, dT$$

$$= \int_{600}^{800} \left[C_{P,\,<PbO>} - C_{P,\,\{Pb\}} - \frac{1}{2} C_{P,\,(O_2)} \right] dT$$

$$= \int_{600}^{800} \left[(10.6 + 4.0 \times 10^{-3}\,T) - (7.75 - 0.74 \times 10^{-3}\,T) \right.$$

$$\left. - \frac{1}{2}(7.16 + 1.0 \times 10^{-3}\,T - 0.4 \times 10^{5}\,T^{-2}) \right]$$

$$= \int_{600}^{800} [-0.73 + 4.24 \times 10^{-3}\,T + 0.2 \times 10^{5}\,T^{-2}]\, dT$$

$$= -0.73(800-600) + \frac{4.24\times10^{-3}}{2}(800^2-600^2) - 0.2\times10^5\left[\frac{1}{800}-\frac{1}{600}\right]$$

$$= 455.93$$

따라서 $\Delta H^0_{800,\,[1.16.1]} = -52400 + 612.2 - 1150 + 455.93$

$$= -52482\,cal$$

따라서 527℃(800K)에서 다음과 같은 정반응이 일어난다.

$$\{Pb\} + \frac{1}{2}(O_2) \rightarrow \langle PbO \rangle$$

2장 연습문제 해답

1 영구기관은 불가능하다.
온도가 일정한 열원으로부터 열을 취해 그 계나 주변의 변화를 수반하지 않고 모두 일로 바꿀 수 있는 순환 운동을 하는 기계를 만든다는 것은 불가능하다.

2 화학 반응 시 열에너지의 변화가 계에만 국한되지 않고 주변에 영향을 크게 주면 계에 한정되어 계산하는 엔탈피 변화 값으로 얻은 화학 반응에 대한 정보는 틀릴 수 있어 새로운 열역학적 도구가 필요하게 되었다.

3 외부로부터 열을 받으면 모두 일하는 이상적인 기관을 말한다. $\Delta U_{cycle} = 0$, 즉 2개의 등온과정과 2개의 단열과정으로 열에너지를 100%로 기계적 에너지로 바꾸는 기관을 말한다.

4
① 효율(Efficiency)= $\frac{W}{q_1} = \frac{T_1 - T_2}{T_1} = \frac{q_1 + q_2}{q_1}$, $1 - \frac{T_2}{T_1} = 1 + \frac{q_2}{q_1}$, $\therefore \sum \frac{q_{rev}}{T} = 0$

② 엔트로피 : 온도 T인 계에서 아주 미소한 열량 δq를 가역적인 방법으로 흡수하거나 방출되는 과정에서 생기는 $dS = \frac{\delta q}{T}$=무질서도를 말한다.

5 처음 상태에서 최종 상태까지 급격히 진행되는 비평형 과정, 자발적인 과정

$$\Delta S_{system} + \Delta S_{surrounding} > 0$$

6
① 화학 반응에 참여하는 반응물과 생성물들 모두 표준 상태에 있어야 한다. 즉, 모두 일정한 온도와 압력하에서 계산되어야 한다.

② 일정한 온도, 압력에서 엔탈피의 경우와는 달리 원소의 엔트로피 값은 0이 아니고 일정한 값이 존재한다.

7 $\Delta S_{T_2}^0 = \Delta S_{T_1}^0 + \int_{T_1}^{T_2} \frac{\Delta C_p}{T} dT$

8 일정한 내부 에너지와 부피 또는 일정한 엔탈피와 압력의 조건하에서

① $\Delta S = 0$, 계는 평형 상태이며 자발적 변화가 일어나지 않음

② $\Delta S > 0$, 반응이 $A \rightarrow B$로 자발적인 정반응이 일어남

③ $\Delta S < 0$, 반응이 $A \rightarrow B$로 자발적인 정반응이 일어나지 않음. 오히려 반응이 $B \rightarrow A$로 역반응이 생김

9 ① 열역학 제1법칙(계에만 적용), $dU = \delta q - \delta W$

② 열역학 제2법칙(계와 주변에 모두 적용), $dS = \frac{\delta q}{T}$

③ 닫힌 계이고 계가 한 일은 모두 부피 변화에 의해 생긴다고 가정하면

$$dU = \delta q - \delta W,\ \delta q = TdS,\ \delta w = pdV,$$
$$\therefore dU = TdS - pdV$$

④ 물리적 의미 : 내부 에너지 U의 엔트로피와 부피에 따른 변화량을 우리가 알고 있는 과학적 도구로 측정 가능.

$$U = U(S, V)$$
$$dU = \left(\frac{\partial U}{\partial S}\right)_V dS + \left(\frac{\partial U}{\partial V}\right)_S dV = TdS - pdV$$
$$\therefore T = \left(\frac{\partial U}{\partial S}\right)_V,\ p = -\left(\frac{\partial U}{\partial V}\right)_S$$

10 일정한 온도, 압력 조건에서 일어나는 반응에 대해 아래와 같은 기준이 성립한다.

① $\Delta G = 0$, 계는 평형 상태이며 자발적 변화가 일어나지 않음

② $\Delta G < 0$, 반응이 자발적으로 일어남, 정반응 발생

③ $\Delta G > 0$, 반응이 자발적으로 일어나지 않음. 역반응 발생

11 $G = H - TS$

$G = U + PV - TS$ 이 값을 완전 미분하면

$dG = dU + pdV + Vdp - TdS - sdT$(이때 $dU = TdS - pdV$이므로)

$dG = Vdp - SdT$

일정한 압력에서 $\left(\frac{\partial G}{\partial T}\right)_p = -S$

표준 상태에서 일어나는 화학 반응으로 확장하면 $\left(\frac{\partial \Delta G^0}{\partial T}\right)_p = -\Delta S^0$

12 ① 깁스 자유 에너지 : 온도와 압력이 일정한 닫힌 계에서 $G = H - TS$

② 헬름홀츠 자유 에너지 : 온도와 부피가 일정한 닫힌 계에서 $A = U - TS$

13 깁스 - 헬름홀츠 방정식의 물리적 의미는 자유 에너지로부터 엔탈피 변화 값을 역으로 구하는 것에 있다.

$$\Delta G = \Delta H - T\Delta S = \Delta H + T\left(\frac{\partial \Delta G}{\partial T}\right)_P$$

$$\frac{\Delta G}{T} = \frac{\Delta H}{T} + \left(\frac{\partial \Delta G}{\partial T}\right)_P$$

$$\therefore \left[\frac{\partial(\Delta G/T)}{\partial T}\right]_P = -\frac{\Delta H}{T^2}$$

14 가역적 반응이 일어나므로 엔트로피의 변화량은 0이다.

15 식 (2.4)를 이용해서 500℃(773K)에서 400℃(673K)로 온도가 변할 때의 엔트로피 변화량, 300℃(573K)에서 400℃(673K)로 변할 때의 엔트로피 변화량을 구한 후 더해서 반응의 총 엔트로피 변화량을 구한다.

$$S^0_{673,<Cu>} - S^0_{773,<Cu>} = \int_{773}^{673} \frac{5.41 + 1.50 \times 10^{-3} T}{T} dT$$

$$= 5.41 \ln\left(\frac{673}{773}\right) + 1.50 \times 10^{-3}(673 - 773)$$

$$= -0.8995\, cal/\deg/mole$$

$$S^0_{673,<Cu>} - S^0_{573,<Cu>} = \int_{573}^{673} \frac{5.41 + 1.50 \times 10^{-3} T}{T} dT$$

$$= 5.41 \ln\left(\frac{673}{573}\right) + 1.50 \times 10^{-3}(673 - 573)$$

$$= 1.0202\, cal/\deg/mole$$

따라서 반응의 총 엔트로피 변화량은 $0.1207 cal/\deg/mole$이다. $\Delta S > 0$이므로 이 반응은 자발적으로 일어나며 이것은 에너지가 높은 곳에서 낮은 곳으로 흐른다는 것과 같다.

16 식 (2.6)을 적용한다.

$$S^0_{1346,<Cu>} = S^0_{300,<Cu>} + \int_{300}^{1346} \left[\frac{5.41 + 1.50 \times 10^{-3} T}{T}\right] dT$$

$$= 8.0 + 5.41(\ln 1346 - \ln 300) + 1.50 \times 10^{-3}(1346 - 300)$$

$$= 17.69\, cal/\deg/mol$$

17 750℃(1023K)에서의 엔트로피 값을 구하는데 420℃(693K)에서 상변태가 일어나므로 상변태가 일어날 때의 엔트로피 변화 값을 계산해주면 된다. 따라서 식 (2.8)을 이용하여

$$S^0_{T_2} = S^0_{T_1} + \int_{T_1}^{T'} \frac{C_p'}{T} dT + \frac{\Delta H_t}{T'} + \int_{T'}^{T_2} \frac{C_p''}{T} dT$$

위 식에 값들을 대입해주면

$$S^0_{1023,\{Zn\}} = S^0_{298,<Zn>} + \int_{298}^{693} \frac{C_{p,<Zn>}}{T} dT + \frac{\Delta H_t}{693} + \int_{693}^{1023} \frac{C_{p,\{Zn\}}}{T} dT$$

$$= 9.95 + \int_{298}^{693} \frac{5.35 + 2.40 \times 10^{-3} T}{T} dT + \frac{1740}{693} + \int_{693}^{1023} \frac{7.50}{T} dT$$

$$= 9.95 + 5.35(\ln 693 - \ln 298) + 2.40 \times 10^{-3}(693 - 298)$$

$$+ 2.51 + 7.50(\ln 1023 - \ln 693)$$

$$= 20.85\, cal/\deg/mol$$

18 1000℃(1273K)에서 $\Delta G^0 < 0$를 만족해야 환원이 일어날 수 있다.

$$Cu_2S + 2Cu_2O = 6Cu + SO_2,\ \Delta G^0_{1000} = -5556\,cal$$

$$PbS + 2PbO = 3Pb + SO_2,\ \Delta G^0_{1000} = 7863cal$$

$$Ni_3S_2 + 4NiO = 7Ni + 2SO_2,\ \Delta G^0_{1000} = 14295cal$$

따라서 Cu만 환원 반응이 일어날 수 있다.

19 주어진 정보로부터 식 [2.19.1]의 표준 자유 에너지 변화 값은 −120000cal이다.

$$< Mo > + \frac{3}{2}(O_2) = < MoO_3 > \qquad \cdots [2.19.1]$$

$$\Delta G^0_{1000,[2.19.1]} = -120000\,cal/mol$$

마찬가지로, 식 [2.19.2]의 표준 자유 에너지 변화 값은 −45500cal이다.

$$(H_2) + \frac{1}{2}(O_2) = (H_2O) \qquad \cdots [2.19.2]$$

$$\Delta G^0_{1000,[2.19.2]} = -45500\,cal/mol$$

자유 에너지는 크기 성질이므로 반응을 위해 식 [2.19.2]에 3을 곱한다.

$$3(H_2) + \frac{3}{2}(O_2) = 3(H_2O) \qquad \cdots [2.19.3]$$

$$\begin{aligned}\Delta G^0_{1000,[2.19.3]} &= 3 \times \Delta G^0_{1000,[2.19.2]} \\ &= 3 \times (-45500) \\ &= -136500\,cal\end{aligned}$$

식 [2.19.3]에서 [2.19.1]을 빼주면 식 [2.19.4]를 아래와 같이 얻을 수 있다.

$$< MoO_3 > + 3(H_2) = < Mo > + 3(H_2O) \qquad \cdots [2.19.4]$$

반응의 자유 에너지 변화 값은 더하거나 뺄 수 있기 때문에 결국

$$\Delta G^0_{1000,[2.19.4]} = \Delta G^0_{1000,[2.19.3]} - \Delta G^0_{1000,[2.19.1]}$$

$$= -136500-(-120000)$$
$$= -16500\,cal$$

727℃($1000K$), 1기압에서 반응 [2.19.4]의 자유 에너지 변화 값이 음수이기 때문에, 주어진 조건에서 환원 반응이 일어난다.

20 수소의 자유 에너지 값은 0이다.

$$< Cr_2O_3 > + 3(H_2) = 2 < Cr > + 3(H_2O)$$

$$\Delta G^0_{1000} = -3\times 45.5 - (-205.5) = 69\,kcal$$

반응에 Cr이 2몰 생성되었으므로 1몰당 자유 에너지 변화량은 34.5$kcal/mole$이다.

$$< MoO_3 > + 3(H_2) = < Mo > + 3(H_2O)$$

$$\Delta G^0_{1000} = -3\times 45.5 - (-120.0) = -16.5\,kcal$$

반응에 의해 Mo이 1몰 생성되었으므로 1몰당 자유 에너지 변화량은 −16.5$kcal/mole$이다. 몰리브덴 산화물의 환원은 자발적으로 일어나고, 크롬 산화물의 환원은 자발적으로 일어나지 않는다.

21

$$< Ni > + \frac{1}{2}(O_2) = < NiO > \quad \cdots [2.21.1]$$

$$\Delta H^0_{298,\,[2.21.1]} = \Delta H^0_{298,\,< NiO >} = -57500\,cal$$

$$\Delta S^0_{298,\,[2.21.1]} = S^0_{298,\,< NiO >} - S^0_{298,\,< Ni >} - \frac{1}{2}S^0_{298,\,(O_2)}$$
$$= 9.10 - 7.12 - 24.51 = -22.53\,cal/\deg$$

$$\Delta C_{P,[2.21.1]} = C_{P,\,< NiO >} - C_{P,\,< Ni >} - \frac{1}{2}C_{P,\,(O_2)}$$
$$= 12.91 - (6.03 + 10.44\times 10^{-6}T^2 - 2.5\times 10^{-3}T)$$
$$- \frac{1}{2}(7.16 + 1.0\times 10^{-3}T - 0.4\times 10^5 T^{-2})$$
$$= (3.30 - 10.44\times 10^{-6}T^2 + 2.0\times 10^{-3}T + 0.2\times 10^5 T^{-2})\,cal/\deg$$

(1) $\Delta H^0_{600,\,[2.21.1]}$을 $\Delta H^0_{298,\,[2.21.1]}$과 $\Delta C_{P,[2.21.1]}$로부터 계산한다.

(2) $\Delta S^0_{600,\,[2.21.1]}$을 $\Delta S^0_{298,\,[2.21.1]}$과 $\Delta C_{P,[2.21.1]}$로부터 계산한다.

(3) $\Delta G^0_{600,\,[2.21.1]}$을 (1)과 (2)를 이용해 구한다.

$$\Delta H^0_{600,\,[2.21.1]} = \Delta H^0_{298,\,[2.21.1]} + \int_{298}^{600} \Delta C_{P,[2.21.1]}\, dT$$

$$= -57500 + \int_{298}^{600} 3.30 - 10.44\times 10^{-6}\, T^2 + 2.0\times 10^{-3}\, T$$

$$+ 0.2\times 10^5 T^{-2} dT$$

$$= -57500 + 3.30(600-298) - \frac{10.44\times 10^{-6}}{3}(600^3 - 298^3)$$

$$+ \frac{2.0\times 10^{-3}}{2}(600^2 - 298^2) - 0.2\times 10^{-5}\left[\frac{1}{600} - \frac{1}{298}\right]$$

$$= 56858\, cal$$

$$\Delta S^0_{600,\,[2.21.1]} = \Delta S^0_{298,\,[2.21.1]} + \int_{298}^{600} \frac{\Delta C_{P,\,[2.21.1]}}{T}\, dT$$

$$= -22.53 + \int_{298}^{600} 3.30\, T^{-1} - 10.44\times 10^{-6}\, T + 2.0\times 10^{-3}$$

$$+ 0.2\times 10^5 T^{-3} dT$$

$$= -22.53 + 3.30(\ln 600 - \ln 298) - \frac{10.44\times 10^{-6}}{2}(600^2 - 298^2)$$

$$+ 2.0\times 10^{-3}(600-298) - \frac{0.2\times 10^5}{2}\left[\frac{1}{600^2} - \frac{1}{298^2}\right]$$

$$= -20.96\, cal/\deg$$

$\Delta G^0_T = \Delta H^0_T - T\Delta S^0_T$ 에 적합한 값들을 대입한다.

$$\Delta G^0_{600,(2.L.1)} = -56858 + 600\times 20.96 = -44282\, cal$$

$\Delta G^0_{600,[2.21.1]} < 0$이므로 정반응이 일어난다.

22

$$< Zn > + \frac{1}{2}(O_2) = < ZnO > \qquad \cdots [2.22.1]$$

$$\Delta H^0_{298,[2.22.1]} = \Delta H^0_{298,<ZnO>} = -57500\,cal$$

$$\Delta S^0_{298,[2.22.1]} = S^0_{298,<ZnO>} - S^0_{298,<Zn>} - \frac{1}{2}S^0_{298,(O_2)}$$

$$= 10.10 - 8.50 - \frac{1}{2} \times 49.02 = -22.91\,cal/\deg$$

$$\Delta C_{p,[2.22.1]} = C_{p,<ZnO>} - C_{p,<Zn>} - \frac{1}{2}C_{p,(O_2)}$$

$$= (9.5 + 2.0 \times 10^{-3}T) - (3.5 + 1.0 \times 10^{-3})$$

$$- \frac{1}{2}(7.16 + 1.0 \times 10^{-3}T - 0.4 \times 10^5 T^{-2})$$

$$= 2.42 + 0.5 \times 10^{-3}T + 0.2 \times 10^5 T^{-2}$$

(1) $\Delta H^0_{500,[2.22.1]}$을 $\Delta H^0_{298,[2.22.1]}$과 $\Delta C_{P,[2.22.1]}$로부터 계산한다.

(2) $\Delta S^0_{500,[2.22.1]}$을 $\Delta S^0_{298,[2.22.1]}$과 $\Delta C_{P,[2.22.1]}$로부터 계산한다.

(3) $\Delta G^0_{500,[2.22.1]}$을 (1)과 (2)를 이용해 구한다.

$$\Delta H^0_{500,[2.22.1]} = \Delta H^0_{298,[2.22.1]} + \int_{298}^{500} \Delta C_{p,[2.22.1]} dT$$

$$= -57500 + \int_{298}^{500} (2.42 + 0.5 \times 10^{-3}T + 0.2 \times 10^5 T^{-2}) dT$$

$$= -57500 + 2.42(500 - 298) + \frac{0.5 \times 10^{-3}}{2}[500^2 - 298^2]$$

$$- 0.2 \times 10^5 \left[\frac{1}{500} - \frac{1}{298}\right]$$

$$= -56943.75\,cal$$

$$\Delta S^0_{500} = \Delta S^0_{298,[2.22.1]} = \int_{298}^{500} \frac{\Delta C_p}{T} dT$$

$$= -22.91 + \int_{298}^{500} \left[\frac{2.42}{T} + 0.5 \times 10^{-3} + 0.2 \times 10^5 T^{-3}\right] dT$$

$$= -22.91 + [2.42(\ln 500 - \ln 298) + 0.5 \times 10^{-3}(500 - 298)]$$

$$- \frac{0.2\times 10^5}{2}\left(\frac{1}{500^2}-\frac{1}{298^2}\right)$$

$$= -21.48 cal/\deg$$

$$\therefore \Delta G^0_{500,[2.22.1]} = \Delta H^0_{500,[2.22.1]} - T\Delta S^0_{500,[2.22.1]}$$
$$= -56943.75 - 500\times(-21.48)$$
$$= -46203.75 cal$$

23

$$< Ti > + 2(Cl_2) = (TiCl_4)$$
$$\Delta G^0 = -173600 - 3.4T\log T + 39.5T cal$$

풀이: $\Delta G^0 = -173600 - 3.4T\log T + 39.5T cal$

$$= -173600 - 1.48T\ln T + 39.5T cal$$

$$\frac{\Delta G^0}{T} = -\frac{173600}{T} - 1.48\ln T + 39.5$$

식 (2.27)에 의해

$$-\frac{\Delta H^0}{T^2} = \frac{\partial(\Delta G^0/T)}{\partial T} = \frac{173600}{T^2} - \frac{1.48}{T}$$

$$\Delta H^0 = -173600 + 1.48T cal$$

$$\Delta C_p = \frac{d\Delta H^0}{dT} = 1.48 cal/\deg$$

24 $\log = 0.4343\ln T$를 이용해 식을 바꾸어준다.

$$\Delta G^0 = -40500 - 3.92\times 0.4343T\ln T + 29.5T$$
$$= -40500 - 1.702T\ln T + 29.5T \quad \cdots [2.24.1]$$

또는 $$\frac{\Delta G^0}{T} = \frac{-40500}{T} - 1.702\ln T + 29.5$$

위 식을 미분한다.

$$\frac{\partial(\Delta G^0/T)}{\partial T} = \frac{40500}{T^2} - \frac{1.702}{T}$$

식 (2.30)으로부터

$$-\frac{\Delta H^0}{T^2} = \frac{40500}{T^2} - \frac{1.702}{T}$$

또는 $$\Delta H^0 = -40500 + 1.702\,T$$

25℃(298K)에서

$$\Delta H^0_{298} = -40500 + 1.702 \times 298 = -39993\,cal$$

식 [2.24.1]을 미분한다.

$$\frac{\partial \Delta G^0}{\partial T} = -1.702 - 1.702 \ln T + 29.5 = 27.798 - 1.702 \ln T$$

식 (2.25)로부터

$$\Delta S^0 = -27.798 + 1.702 \ln T$$

25℃(298K)에서

$$\Delta S^0_{298} = -27.798 + 1.702 \ln 298 = -18.10\,cal/\deg$$

3장 연습문제 해답

1. 절대 온도 0K에서 순수하고 완벽한 결정의 엔트로피 값은 0이다.

2. $-258℃(15K)$ 이하에서 고체의 열용량은 다음과 같이 표현될 수 있다.

$$C_P = aT^3$$

3.
$$\Delta G = \Delta H - T\Delta S$$
$$d\Delta G = d\Delta H - Td\Delta S - \Delta S dT$$

일정한 압력에서

$$\left(\frac{\partial \Delta G}{\partial T}\right)_p = \left(\frac{\partial \Delta H}{\partial T}\right)_p - T\left(\frac{\partial \Delta S}{\partial T}\right)_p - \Delta S$$

열역학 제3법칙으로부터 $T = 0K$이면 $\Delta S = 0$이므로

$$\left(\frac{\partial \Delta G}{\partial T}\right)_p = \left(\frac{\partial \Delta H}{\partial T}\right)_p = \Delta C_p$$

열역학적 함수에 의해 $\left(\frac{\partial \Delta G}{\partial T}\right)_p = -\Delta S$이므로 $T = 0K$일 때 $\Delta C_p = 0$이다.

4. $15K$ 이하의 몰 열용량은 디바이 방정식을 따르기 때문에 25℃에서의 은의 엔트로피 값은

$$S^0_{298} = \frac{1}{3}C_p(15K) + \int_{15}^{298}\frac{C_p}{T}dT$$
$$= \frac{1}{3}\times(0.16) + \int_{15}^{298}\frac{C_p}{T}dT$$
$$= 0.053 + \int_{15}^{298}\frac{C_p}{T}dT \qquad \cdots [3.4.1]$$

적분값은 C_p와 $\ln T$의 곱으로 표현될 수 있다.

T, ℃	−258	−253	−243	−223	−203	−183	−123	−23	27
T, K	15	20	30	50	70	90	150	250	300
lnT	2.708	2.995	3.401	3.912	4.248	4.499	5.010	5.520	5.705
Cp	0.16	0.40	1.14	2.78	3.90	4.56	5.48	5.90	6.10

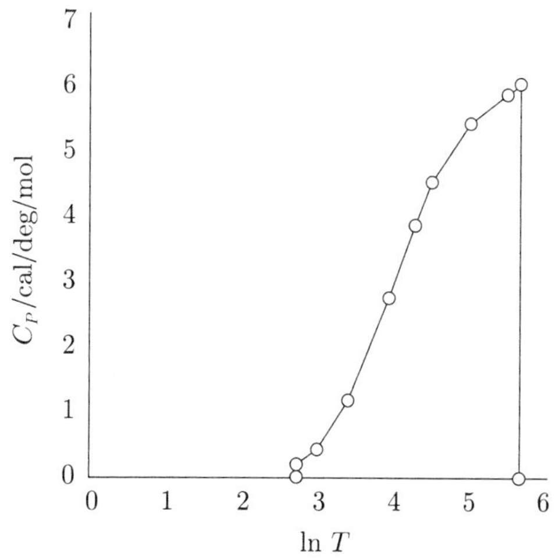

그림 연습문제 3.1. $\ln T$에 따른 C_P값의 변화

그래프의 면적은 사다리꼴 공식을 사용하거나 모눈종이에 그려 네모 칸의 개수를 세어서 구할 수 있다. $15K(\ln T=2.708)$이고 $298K(\ln T=5.697)$이므로 그래프의 면적은 10.195임을 알 수 있다. 따라서 25℃에서 은의 엔트로피 값은 $S^0_{298} = 0.053 + 10.195 = 10.248\, cal/\deg/mol$이다.

4장 연습문제 해답

1 임의의 온도 T에서 한 물질의 서로 다른 두 상이 평형 상태로 존재할 때 자유 에너지 변화 값은

$$G_A = G_B$$
$$dG_A = dG_B$$

$dG = Vdp - SdT = f(T,p)$이므로

$$dG_A = \left(\frac{\partial G_A}{\partial T}\right)_p dT + \left(\frac{\partial G_A}{\partial P}\right)_T dp \qquad \cdots [4.1.1]$$

$$dG_B = \left(\frac{\partial G_B}{\partial T}\right)_p dT + \left(\frac{\partial G_B}{\partial P}\right)_T dp \qquad \cdots [4.1.2]$$

식 [4.1.1]과 [4.1.2]가 같다고 놓으면

$$\left(\frac{\partial G_A}{\partial T}\right)_p dT + \left(\frac{\partial G_A}{\partial P}\right)_T dp = \left(\frac{\partial G_B}{\partial T}\right)_p dT + \left(\frac{\partial G_B}{\partial P}\right)_T dp$$

열역학적 함수에 의해

$$-S_A dT + V_A dp = -S_B dT + V_B dp$$
$$(V_B - V_A)dp = (S_B - S_A)dT$$

$\frac{dP}{dT} = \frac{\Delta S}{\Delta V}$이고 $\Delta S = \frac{\Delta H}{T}$이므로

$$\therefore \frac{dP}{dT} = \frac{\Delta H}{T\Delta V}$$

2

$$\log\frac{P_1}{P_2} = \frac{-\Delta H_V}{2.303R}\left[\frac{1}{T_2} - \frac{1}{T_1}\right]$$

① P_1, P_2, T_1, T_2를 알 때 ΔH_V 구하기

② $P_1, \Delta H_V, T_1, T_2$를 알 때 P_2 구하기

③ 평형 상태에서 일어나는 물리적 현상을 이해하기

3 $\Delta V_{S \to L} < 0,\ \Delta H_{S \to L} > 0$이므로

$$\left(\frac{dP}{dT}\right) = \frac{\Delta H}{T \Delta V} < 0$$

즉 사람 체중에 의해 압력이 증가하면 얼음의 용융온도가 감소하게 되고 외부 온도는 0℃이므로 얼음이 녹는다. 스케이트 날 밑에 얼음이 녹아 물이 생겨 윤활유 역할을 하게 되어 아이스 스케이팅이 가능하다.

4 트루톤의 규칙 : 모든 액체 상태의 재료에서 기화 잠열과 끓는점의 비는 일정하다.

$$\frac{\Delta H_v}{T_b} = 21\, cal/\deg/mole$$

리차드의 규칙 : 대부분 금속들의 용융 엔트로피는 $2 \sim 4\, cal/\deg/mole$ 근처의 값을 갖는다.

$$\Delta S_m = \frac{\Delta H_m}{T_m} = 2 \sim 4\, cal/\deg/mole$$

5

$$\frac{d\ln P}{dT} = \frac{\Delta H_{vap}}{RT^2}$$

이를 적분하면

$$\ln P = -\left(\frac{\Delta H_{vap}}{R}\right)\frac{1}{T} + C'$$

$$\log P = -\left(\frac{\Delta H_{vap}}{2.303R}\right)\frac{1}{T} + C$$

따라서 logP를 1/T로 도시하면 기울기는 $-\dfrac{\Delta H_{vap}}{2.303R}$이 된다. 이 기울기로부터 ΔH_{vap} 값을 구할 수 있다.

6 $m = -\dfrac{\Delta H_v}{2.303R}$를 이용해서 평균 기울기로부터 평균 기화열을 계산한다.

$$m = \frac{\log\left(\dfrac{7.516\times 10^{-7}}{1.614\times 10^{-6}}\right)}{\left(\dfrac{1}{1587}-\dfrac{1}{1624}\right)} = -23120 \text{ cal/mole}$$

$$\begin{aligned}\Delta H_v &= -m\times 2.303R = 23120\times 2.303\times 1.987\\ &= 105.80\,kcal/mole\end{aligned}$$

7 T_b는 티타늄의 끓는점이고 끓는점의 증기압은 1기압 또는 $760mmHg$이다. 이것을 액체-기체 공식에 대입하면

$$\log\frac{P_2}{P_1} = \frac{-\Delta H_v}{2.303R}\left[\frac{1}{T_2}-\frac{1}{T_1}\right]$$

$$\log\frac{760}{1.503} = \frac{-104000}{4.575}\left[\frac{1}{T_b}-\frac{1}{2500}\right]$$

$$T_b = 3558K = 3285^\circ C.$$

티타늄의 표준 끓는점은 3285℃이다.

8 식 (4.14b)를 따르면 액상 아연의 증기압은 다음과 같다.

$$\log P = \frac{-\Delta H_v}{2.303RT} + C \qquad \cdots [4.8.1]$$

아연이 트루턴의 규칙을 따르기 때문에 기화 몰 열 ΔH_v

$$\Delta H_v = 21T_b = 21 \times 1180 = 24780 cal/mol$$

식 [4.8.1]에 ΔH_v을 대입하면

$$\log P = \frac{-24780}{2.303RT} + C \qquad \cdots [4.8.2]$$

C는 경계조건을 대입하여 값을 구할 수 있다. 1기압일 때 아연의 끓는점이 907℃(1180 K)이므로

$$\log 1 = \frac{-24780}{4.575 \times 1180} + C$$

또는 $$C = 4.59$$

식 [4.8.2]에 C값을 대입한다.

$$\log P = \frac{-24780}{4.575 \times T} + 4.59 \qquad \cdots [4.8.3]$$

여기서 P의 단위는 atm임을 유의한다. 식 [4.8.3]으로부터 800℃(1073K)에서 액체의 증기압을 구할 수 있다.

$$\log P = \frac{-24780}{4.575 \times 1073} + 4.59 = -0.4580$$

또는 $$P = 0.3483 atm = 264.7 mmHg$$

그러므로 800℃(1073K)에서 아연의 증기압은 $264.7mmHg$이다.

5장 연습문제 해답

1 퓨개시티: 실제 기체에서의 압력을 나타내며 어느 정도로 이상적인 기체와 비슷한지를 확인하는 수단으로 사용되기도 한다.

활동도: 어떤 물질의 표준 상태에서의 퓨개시티 분의 임의의 상태의 퓨개시티 비율

$$a = \frac{f}{f_0}$$

2 화학 반응이 아래와 같이 주어질 때

$$aA + bB + \ldots = rR + sS + \ldots$$

$$K = \frac{\text{생성물의 활동도}}{\text{반응물의 활동도}} = \frac{a_R^r \cdot a_S^s \cdots}{a_A^a \cdot a_B^b \cdots}$$

3 ① 주어진 산화성 내화물이 주어진 분위기하에서 안정한지 예측할 수 있다.

② 금속의 어닐링 열처리 시 가스 혼합물의 적합성을 예측할 수 있다.

4 평형을 이루고 있는 상태에서 온도, 압력, 농도 등의 변화가 주어지면 평형은 그 변화를 상쇄하는 쪽으로 이동한다.

5 일정한 압력에서 깁스 - 헬름홀츠 방정식

$$\frac{d(\Delta G^0 / T)}{d(1/T)} = \Delta H^0$$

$\Delta G^0 = -RT\ln K$을 대입하면

$$\frac{d(\ln K)}{d(1/T)} = \frac{-\Delta H^0}{R} \quad \text{또는} \quad \frac{d(\ln K)}{dT} = \frac{\Delta H^0}{RT^2}$$

물리적 의미 : 두 온도에서의 평형 상수 값을 알면 열용량 값으로부터 열처리하는 온도(알고자 하는 온도)에서 평형 상수 값을 구할 수 있다.

6

$$\Delta H = f(Temperature)$$

$$-Rd(\ln K) = \Delta H^0 d(1/T) \qquad \cdots [5.6.1]$$

ΔH^0이 온도에 의존한다면 열용량과의 관계를 이용해서 푼다.

$$\left(\frac{\partial \Delta H}{\partial T}\right)_p = \Delta C_p$$

$C_p = a + bT - cT^{-2}$의 형태로 표현한다고 가정하면 다음과 같이 쓸 수 있다.

$$\left(\frac{\partial \Delta H}{\partial T}\right)_p = \Delta a + \Delta bT - \Delta cT^{-2}$$

$$d\Delta H = (\Delta a + \Delta bT - \Delta cT^{-2})dT$$

표준상태에 있다면

$$d\Delta H^0 = (\Delta a + \Delta bT - \Delta cT^{-2})dT$$

위 식을 적분한다.

$$\Delta H^0 = \Delta T + \frac{\Delta b}{2}T^2 + \frac{\Delta c}{T} + \Delta H_0 \quad (\Delta H_0 : \text{적분상수}) \qquad \cdots [5.6.2]$$

식 [5.6.2]를 [5.6.1]에 대입한다.

$$-Rd(\ln K) = \Delta a Td\left(\frac{1}{T}\right) + \frac{\Delta b}{2}T^2 d\left(\frac{1}{T}\right) + \frac{\Delta c}{T}d\left(\frac{1}{T}\right) + \Delta H_0 d\left(\frac{1}{T}\right)$$

$d\left(\frac{1}{T}\right) = -\frac{dT}{T^2}$이므로

$$-Rd(\ln K) = -\frac{\Delta aT}{T^2}dT - \frac{\Delta bT^2}{2T^2}dT - \frac{\Delta c}{T \cdot T^2}dT - \frac{\Delta H_0}{T^2}dT$$

$$= -\Delta a\frac{dT}{T} - \frac{\Delta b}{2}dT - \Delta c\frac{dT}{T^3} - \frac{\Delta H_0}{T^2}dT$$

위 식을 다시 적분하면 다음과 같다.

$$-Rd(\ln K) = -\Delta a \ln T - \frac{\Delta b}{2}T + \frac{\Delta c}{2T^2} + \frac{\Delta H_0}{T} + I \quad (I: \text{적분상수})$$

$$-R\ln K + \Delta a \ln T + \frac{\Delta b}{2}T - \frac{\Delta c}{2T^2} = \frac{\Delta H_0}{T} + I$$

$$\text{시그마 함수} \sum = -R\ln K + \Delta a \ln T + \frac{\Delta b}{2}T - \frac{\Delta c}{2T^2}$$

2개의 서로 다른 온도에서 평형 상수 값을 안다면 새로운 열처리 온도에서 평형 상수 값을 구할 수 있다.(단 반응물과 생성물들의 열용량 값으로부터 계산이 가능하다.)

7 식 [5.7.3]은 식 [5.7.2]에서 식 [5.7.1]을 더해서 얻을 수 있다.

$$MoS_2 + 2H_2 = Mo + 2H_2S \qquad \cdots [5.7.1]$$

$$2H_2S = 2H_2 + S_2 \qquad \cdots [5.7.2]$$

$$MoS_2 = Mo + S_2 \qquad \cdots [5.7.3]$$

식을 계산할 때 깁스 자유 에너지는 단순히 더해서 구한다. 그러나 식 (5.12)로부터 평형상수는 곱해서 값을 얻는다. 따라서 800℃(1073K)에서 식 [5.7.3]의 반응상수 K는

$$K = 7.311 \times 10^{-6} \times 2.2 \times 10^{-4} = 1.608 \times 10^{-9}$$

같은 방법으로 1000℃(1273K)에서 식 [5.7.3]의 반응상수 K는

$$K = 1.439 \times 10^{-3} \times 5.6 \times 10^{-3} = 8.058 \times 10^{-6}$$

8 1727℃(2000K)에서 반응의 표준 자유 에너지 변화 값은

$$ZrO_2 = Zr + O_2 \qquad \cdots [5.8.1]$$

$$\begin{aligned}\Delta G^0_{2000} &= 259940 + 4.33 \times 2000 \times \log 2000 - 59.12 \times 2000 \\ &= 170330 cal\end{aligned}$$

반응 [5.8.1]의 평형상수는 식 (5.13)으로부터 구할 수 있다. 따라서 1727℃(2000K)에서 K의 값은

$$\log K = -\frac{170330}{4.575 \times 2000} = -18.61$$

로그를 제거하면, $K = 2.455 \times 10^{-19}$

반응 [5.8.1]의 평형 상수 값은

$$K = \frac{a_{Zr} \cdot a_{O_2}}{a_{ZrO_2}}$$

a_{Zr}, a_{O_2}, a_{ZrO_2}는 각각 Zr, O_2, ZrO_2의 활동도이다. 기체가 이상적으로 거동한다고 가정하면, 산소의 활동도를 산소의 부분압으로 대체할 수 있다.

$$K = \frac{a_{Zr} \cdot p_{O_2}}{a_{ZrO_2}}$$

p_{O_2}는 Zr, ZrO_2과 평형을 이룰 때의 산소의 부분압이다. 평형상수에서 압력은 atm 단위로 표현된 기체의 표준 압력분의 기체의 부분압이고 단위가 존재하지 않는다. 따라서 평형상수에서 압력의 크기는 atm단위로 표현된 부분압과 같다.
Zr과 ZrO_2가 순수한 고체이므로 활동도는 1이다. 따라서 평형 상수는

$$K = P_{O_2} \qquad \cdots [5.8.2]$$

식 [5.8.2]에 K값을 대입하면,

$$\begin{aligned} P_{O_2} &= 2.455 \times 10^{-19} atm \\ &= 2.455 \times 10^{-19} \times 760 mmHg \\ &= 1.865 \times 10^{-16} mmHg \end{aligned}$$

그러므로 Zr, ZrO_2과 평형인 산소의 부분압은 1727℃(2000K)에서 1.865×10^{-16} $mmHg$이다. 다르게 말하여, 만약 산소의 부분 압력이 1727℃(2000K)에서 이 값보다 작다면 ZrO_2는 분해될 것이다. 이 문제에서 진공의 차수는 $10^{-5} mmHg$이다. 산소는

대기 중 21%가 있다고 가정하면 산소의 부분 압력은 $0.21 \times 10^{-5} mmHg$이다. 이는 1727℃(2000K)에서 평형 상수 값보다 매우 크므로 르 샤틀리에의 법칙으로 ZrO_2를 더 늘려 O_2를 줄이려 할 것이다. 따라서 ZrO_2이 분해되는 일은 없다.

9 식 (5.12)로부터

$$\Delta G^0 = -RT\ln K$$

$$K = \exp\left(-\frac{\Delta G^0}{RT}\right)$$

주어진 값을 식에 대입하면

$$K = \exp\left(-\frac{-39850 + 15.06(873)}{1.987 \times 873}\right) = 4845958$$

$$K = \frac{a_{Cu_2O}}{aCu \cdot aO_2^{1/2}}$$

순수한 고체의 활동도는 1이라고 할 수 있고 기체가 이상기체처럼 거동한다면 활동도는 분압으로 표시할 수 있다.

$$K = \frac{1}{P_{O_2}^{1/2}}$$

$$\frac{1}{P_{O_2}^{1/2}} = 4845958$$

$$P_{O_2} = 4.26 \times 10^{-14}$$

10

$$(H_2) + \frac{1}{2}(O_2) = (H_2O) \quad ; \Delta G^0 = -58900 + 13.1\,Tcal$$

$$<Ni> + \frac{1}{2}(O_2) = <NiO> \quad ; \Delta G^0 = -58450 + 23.55\,Tcal$$

위 식에서 아래 식을 빼면

$$< NiO > + (H_2) = < Ni > + (H_2O) \quad ; \Delta G^0 = -450 - 10.45\,Tcal \quad \cdots [5.10.1]$$

750℃(1023K)에서

$$\Delta G^0_{1023,[5.10.1]} = -450 - 10.45 \times 1023 = -11140cal$$

식 (5.13)로부터

$$\log K = -\frac{\Delta G^0}{4.575\,T}$$

위의 식에 적절한 값들을 대입하면

$$\log K = \frac{11140}{4.575 \times 1023} = 2.38$$

$$K = 240$$

그러므로

$$K = \frac{P_{H_2O} \cdot a_{Ni}}{P_{H_2} \cdot a_{NiO}}$$

a_{Ni}, a_{NiO}는 순수한 고체이고, 따라서 활동도는 1이다.

$$K = \frac{P_{H_2O}}{P_{H_2}} \quad \cdots [5.12.2]$$

K에 값을 대입하면

$$\frac{P_{H_2O}}{P_{H_2}} = 240$$

그러므로 평형에서 P_{H_2O}, P_{H_2}의 비율이 240이다. 문제에서 주어진 분위기의 부분압 비율은

$$\frac{P_{H_2O}}{P_{H_2}} = 19$$

반응 평형 상수보다 주어진 분위기의 압력 비가 더 낮다. 따라서 르 샤틀리에의 법칙에 따라 이 비율을 높이는 방향으로 반응이 일어난다. 즉, NiO가 환원이 되어 H_2를 줄이고 H_2O를 만드는 반응이 일어난다. 주어진 온도, 분위기하에서 열처리를 하면 산화가 되지 않고 어닐링이 가능하다.

6장 연습문제 해답

1 용액이란 서로 다른 화학 물질로 구성된 단상 물질이다.

2 • 용질 : 용액을 만들 때 용매에 녹는 물질이다. 상이 다를 경우 구별이 용이하나 같은 상의 경우 그 양이 많은 쪽을 용매로 보고 적은 쪽을 용질로 간주한다.

예) 4%물 + 96%알코올 : 물이 용질에 해당

• 용매 : 용액을 만들 때 용질을 녹이는 매체가 되는 물질

3 이상 용액 : 구성 성분의 열역학적 성질로부터 새로 만든 용액 재료의 열역학적 성질을 유추하여 알 수 있는 용액을 말한다. 구성 성분 간에 서로 인력과 척력이 없어 다음과 같은 성질을 갖는다.

① 희석 시 내부 에너지 변화가 없다.

② 혼합 시 열 효과가 없다.

③ 성분들의 물리적 성분이 가산적이다.

4 깁스-듀헴 방정식 : 이상 용액으로부터 정의되며 분몰량을 구할 수 있는 식.

$$\sum X_i d\overline{Z}_i = 0$$

$$X_A d\overline{V}_A + X_B d\overline{V}_B = 0$$

$$X_A d\overline{H}_A + X_B d\overline{H}_B = 0$$

$$X_A d\overline{S}_A + X_B d\overline{S}_B = 0$$

$$X_A d\overline{G}_A + X_B d\overline{G}_B = 0$$

5

$$Z = X_A\overline{Z}_A + X_B\overline{Z}_B \qquad \cdots [6.5.1]$$

위 식을 미분한다.

$$dZ = X_A d\overline{Z}_A + \overline{Z}_A dX_A + X_B d\overline{Z}_B + \overline{Z}_B dX_B$$

깁스-듀헴 방정식에 의해 $X_A d\overline{Z}_A, X_B d\overline{Z}_B = 0$이다.

$$dZ = \overline{Z}_A dX_A + \overline{Z}_B dX_B$$

$X_A + X_B = 1$, $dX_B = -dX_A$이므로 dX_B를 $-dX_A$로 치환한다.

$$dZ = \overline{Z}_A dX_A - \overline{Z}_B dX_A$$

$$\frac{dZ}{dX_A} = \overline{Z}_A - \overline{Z}_B$$

양변에 X_B를 곱한다.

$$X_B \frac{dZ}{dX_A} = X_B \overline{Z}_A - X_B \overline{Z}_B$$

식 [6.5.1]로부터 $X_B \overline{Z}_B = Z - X_A \overline{Z}_A$를 대입한다.

$$X_B \frac{dZ}{dX_A} = X_B \overline{Z}_A - Z + X_A \overline{Z}_A$$

$$Z + X_B \frac{dZ}{dX_A} = X_B \overline{Z}_A + X_A \overline{Z}_A = \overline{Z}_A (X_A + X_B)$$

$$\overline{Z}_A = Z + X_B \frac{dZ}{dX_A} = Z + (1 - X_A)\left[\frac{dZ}{dX_A}\right]_{X_B} \quad \text{Q.E.D}$$

마찬가지로 $\overline{Z}_B = Z + (1 - X_B)\left[\frac{dZ}{dX_A}\right]_{X_A}$ 가 된다.

6 이상 용액에서 용질을 첨가함에 따라 용매가 갖는 증기압 값의 저하는 첨가된 용질의 몰분율과 같다.

$$\frac{P_A^0 - P_A}{P_A} = X_B$$

P_A^0 : 순수한 물질 A가 갖는 증기압, P_A : 용질이 첨가될 때 용매의 증기압

7 실제 용액을 라울의 법칙으로 보았을 때 이상 용액에서 벗어난 정도를 수정해 주어하는데 그 비례 상수를 γ_i라 쓰고 라울티안 활동도 계수라고 한다.

$$a_i = \gamma_i X_i$$

8 희석용액에서 용질이 나타내는 증기압은 용질의 몰분율에 비례한다.

$$P_A = K_A X_A$$

$$\frac{P_A}{P_A^0} = \frac{K_A}{P_A^0} \cdot X_A \rightarrow a_A = constant \cdot X_A$$

9 실제 용액을 취급할 때

① 순수한 물질을 기준으로 설명하는 라울티안 표준상태

② 용질을 중심으로 설명하는 헨리안 표준상태

10 어떤 재료 내에 존재하는 불순물 함량을 최소화하는데 이용한다.

11 식 (6.2)를 적용한다.

$$atom\%\ Cu = \frac{\frac{70}{63.54}}{\frac{70}{63.54} + \frac{30}{65.38}} \times 100 = 70.62$$

$$\therefore atom\%\ Zn = (100 - 70.62) = 29.38$$

식 (6.3)을 적용한다.

$$Cu\text{의 몰분율} = \frac{70.62}{100} = 0.7062$$

따라서 $$Zn\text{의 몰분율} = (1 - 0.7062) = 0.2938$$

12 이상기체라면 부피 분율은 몰분율과 같다. 따라서 전체 공기에서 그 안에 있는 질소와 산소의 몰분율은 각각 0.79, 0.21이다. 식 (6.1)을 이용하면

$$wt\%\ N = \frac{79 \times 14}{79 \times 14 + 21 \times 16} \times 100 = 77$$

$$wt\%\ O = (100 - 77) = 23$$

평균 분자량은 전체 공기가 1몰이 있다고 할 때 질소와 산소가 각각 0.79몰과 0.21몰이 있는 것과 같으므로

$$\text{평균 분자량} = \frac{0.79 \times 28 + 0.21 \times 32}{1} = 28.84$$

13 Cd와 Sn의 혼합 분몰 엔탈피 값을 계산하기 위해 ΔH^M 대 X_{Cd}의 그래프를 그리고 $X_{Cd} = 0.6$에서 접선을 그렸다.

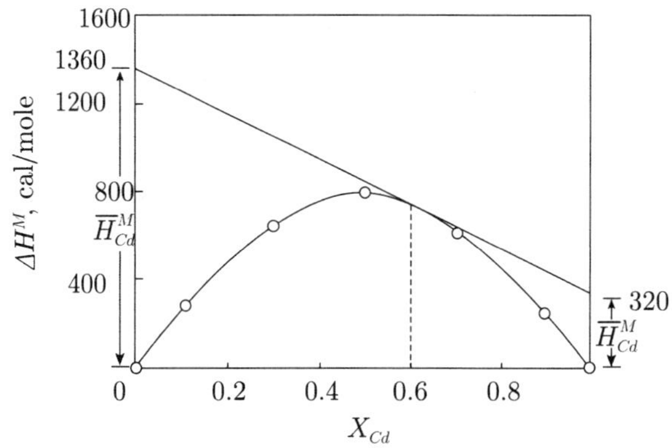

그림 연습문제 6.1. $Cd - Sn$합금의 분몰 엔탈피의 도식적 결정

$\overline{H_{Cd}^M}$ 와 $\overline{H_{Sn}^M}$ 은 접선이 $X_{Cd} = 1$과 $X_{Sn} = 1$인 축에서 만나는 접점으로 주어진다. 따라서 그래프로부터

$$\overline{H}_{Cd}^M = 320\, cal/mole$$

$$\overline{H}_{Sn}^M = 1360\, cal/mole$$

14 반응에 대해

$$\Delta G^0 = 4.575\, T \log \frac{[a_{Fe}] \cdot (X_{MnO})}{[a_{Mn}] \cdot (X_{FeO})}$$

$X_{MnO} = 0.4$, $X_{FeO} = 0.6$이고 Mn이 용질인 용액이 1600℃(1873K)에서 이상 용액처럼 거동한다 했으므로 Mn의 양이 매우 적다고 간주할 수 있다.

$$\Delta G^0_{1873} = -29080 + 3.67 \times 1873 = -22206.09$$

$$-22206.09 = -4.575 \times 1873 \log\left(\frac{2}{3[a_{Mn}]}\right)$$

라울의 법칙을 적용하면

$$-22206.09 = -4.575 \times 1873 \log\left(\frac{2}{3[X_{Mn}]}\right)$$

$$\log\left(\frac{2}{3[X_{Mn}]}\right) = 2.59$$

$$[X_{Mn}] = 1.71 \times 10^{-3}$$

$$atom\%\ Mn = 1.71 \times 10^{-1}$$

$wt\%$로 변환하면

$$wt\%\ Mn = \frac{(1.71 \times 10^{-1}) \times 54.94}{(1.71 \times 10^{-1}) \times 54.94 + (100 - 1.71 \times 10^{-1}) \times 55.85} \times 100$$

$$= 0.168$$

7장 연습문제 해답

1 공기 중에서 특정재료 혹은 금속을 녹일 때 공기를 이루고 있는 H_2, O_2, N_2 등의 2원자 기체가 단원자 상태로 용해된다. 공기 중의 기체들이 금속에 용해되는 것이므로 무한 희석 용액과 같은 경우로 생각할 수 있다. 이런 경우에 헨리의 법칙은 경험적으로 다음의 형태를 취한다.

$$P_A = Constant \cdot X_A^n$$

여기서 n은 분자당 원자 수이다. X_A가 S_A에 비례하므로, 시버트의 법칙은 다음과 같이 쓰일 수 있다.

$$S_A = k' \sqrt{P_A}$$

2 용액 $A-B$를 형성하기 위해 A와 B를 섞을 때 자유 에너지, 엔트로피, 엔탈피와 같은 열역학적 성질이 변하는데 용액 1몰을 형성했을 때의 열역학 함수의 값을 말한다. ΔZ^M은 일정 온도, 압력하에 있는 용액 1몰의 자유 에너지와 같은 온도, 압력하에 있는 혼합 전 순서 성분들의 자유 에너지 합과의 차이로 정의된다.

$$\begin{aligned}\Delta Z^M &= Z_{real\,sol} - (A\text{와 }B\text{의 자유 에너지 값의 합}) \\ &= (X_A\overline{Z}_A + X_B\overline{Z}_B) - (X_A Z_A^0 + X_B Z_B^0)\end{aligned}$$

3 과잉함수 : 실제 용액의 열역학 함수의 값과 그 용액이 이상 용액이었을 때 가졌을 열역학 함수 값의 차이.

$$\begin{aligned}H^{XS} &= \Delta H^M_{real,\,sol} - \Delta H^M_{ideal,\,sol} \\ &= -RT^2\left[X_A\left(\frac{\partial \ln a_A}{\partial T}\right)_{p,X_A} + X_B\left(\frac{\partial \ln a_B}{\partial T}\right)_{p,X_B}\right] \\ &\quad + RT^2\left[X_A\left(\frac{\partial \ln X_A}{\partial T}\right)_{p,X_A} + X_B\left(\frac{\partial \ln X_B}{\partial T}\right)_{p,X_B}\right] \\ &= -RT^2\left[X_A\left(\frac{\partial \ln \gamma_A}{\partial T}\right)_{p,X_A} + X_B\left(\frac{\partial \ln \gamma_B}{\partial T}\right)_{p,X_B}\right]\end{aligned}$$

4 ① 규칙용액 : 혼합 엔탈피 값은 0이 아니면서 혼합 엔트로피 값은 이상 용액과 같은 값을 갖는 용액을 말한다.

$$\Delta G^M = RT(X_A \ln a_A + X_B \ln a_B)$$

$$\Delta S^M = -R(X_A \ln X_A + X_B \ln X_B)$$

$$\Delta H^M = RT(X_A \ln \gamma_A + X_B \ln \gamma_B)$$

② $$RT\ln\gamma_A = \alpha X_B^2,\ RT\ln\gamma_B = \alpha X_A^2$$

$$\frac{\ln\gamma_A}{(1-X_A)^2} = \frac{\ln\gamma_B}{(1-X_B)^2} = \frac{\alpha}{RT} = constant$$

α : 조성에 무관하고 계의 모든 성분에 대해 같은 값을 가지는 상수

5 식 (7.2)를 이용하면 1077℃(1350K)에서 은의 산소 용해도를 구할 수 있다.

$$S_{O_2} = k'\sqrt{P_{O_2}}$$

$$1atm = 760\,mmHg$$

$$k' = 194/\sqrt{760} = 7.037$$

$P_{O_2} = 130\,mmHg$일 때의 용해도는 다음과 같다.

$$S_{O_2} = 7.037/\sqrt{130} = 80.23\,c.c./100g\,Ag$$

공기 중 산소가 은에 용해되는 양을 구하기 위해서 먼저 산소의 부분압을 계산한다. 산소가 공기 중에 21vol%가 있으므로

$$P_{O_2} = 760mmHg \times 0.21 = 159.6\,mmHg$$

앞과 같은 방법으로 공기로부터 용해되는 산소의 양을 구하면

$$S_{O_2} = 7.037/\sqrt{159.6} = 88.90\,c.c./100g\,Ag$$

6 규칙용액이므로 식 (7.25)와 (7.26)를 이용해서 원하는 조성의 용액에서 Zn의 활동도 계수를 계산할 수 있다.

$$\frac{RT\ln\gamma_{Cu}}{(1-X_{Cu})^2}=\frac{RT\ln\gamma_{Zn}}{(1-X_{Zn})^2}$$

$$\frac{\log 0.922}{(0.2)^2}=\frac{\log\gamma_{Zn}}{(0.8)^2}$$

$$\log\gamma_{Zn} = -0.56$$

$$\gamma_{Zn} = 0.2727$$

$$\begin{aligned} G^{XS} &= RT(X_{Cu}\ln\gamma_{Cu} + X_{Zn}\ln\gamma_{Zn}) \\ &= 4.575\times 1300\times(0.8\log 0.922 + 0.2\log 0.2727) \\ &= -839.06\,cal/mole \end{aligned}$$

80atom% Cu에서 Cu와 Zn의 활동도는 몰분율과 그때의 활동도 계수의 곱으로 구할 수 있다.

$$a_{Cu} = 0.8\times 0.922 = 0.7376$$

$$a_{Zn} = 0.2\times 0.2727 = 0.05454$$

$$\begin{aligned} \Delta G^M &= RT(X_{Cu}\ln a_{Cu} + X_{Zn}\ln a_{Zn}) \\ &= 4.575\times 1300\times(0.8\log 0.7376 + 0.2\log 0.05454) \\ &= -2131.58\,cal/mole \end{aligned}$$

7

$$RT\ln\gamma_{Zn} = -5150(1-X_{Zn})^2$$

규칙용액에서 몰분율이 같다면 식 (7.25)와 (7.26)에 의해 활동도 계수 역시 같다. 따라서 위의 식은 다음과 같이 표현할 수 있다.

$$RT\ln\gamma_{Cu} = -5150(1-X_{Cu})^2$$

$$4.575\times 1300\times\log\gamma_{Cu} = -5150\times 0.5^2$$

$$\log \gamma_{Cu} = -0.2165$$
$$\gamma_{Cu} = 0.6074$$

$$a_{Cu} = \gamma_{Cu} \times X_{Cu} = 0.6074 \times 0.5 = 0.3037$$

8 식 (6.16)으로부터 다음 식을 얻는다.

$$X_{Cd} d\overline{H_{Cd}^M} + X_{Zn} d\overline{H}_{Zn}^M = 0$$

또는 $$d\overline{H}_{Zn}^M = -\frac{X_{Cd}}{X_{Zn}} d\overline{H}_{Cd}^M$$

상한을 $X_{Zn} = 0.2$, 하한을 $X_{Zn} = 1$로 두고 적분을 한다.

$$\int_{X_{Zn}=1.0}^{X_{Zn}=0.2} d\overline{H}_{Zn}^M = \int_{X_{Zn}=1.0}^{X_{Zn}=0.2} \frac{X_{Cd}}{X_{Zn}} d\overline{H}_{Cd}^M$$

또는 $$[\overline{H}_{Zn}^M]_{X_{Zn}=0.2} - [\overline{H}_{Zn}^M]_{X_{Zn}=1.0} = -\int_{X_{Zn}=1}^{X_{Zn}=0.2} \frac{X_{Cd}}{X_{Zn}} d\overline{H}_{Cd}^M$$

$X_{Zn} = 1.0$일 때 $\overline{H}_{Zn}^M = 0$이므로

$$[\overline{H}_{Zn}^M]_{X_{Zn}=0.2} = \int_{X_{Zn}=0.2}^{X_{Zn}=1.0} \frac{X_{Cd}}{X_{Zn}} d\overline{H}_{Cd}^M \quad \cdots [7.8.1]$$

적분을 풀기 위해 $\left[\frac{X_{Cd}}{X_{Zn}}\right]$를 Y축, $\overline{H_{Cd}^M}$를 X축으로 그래프를 그린다.

X_{Cd}	0.9	0.8	0.7	0.6	0.5	0.4	0.3	0.2	0.1
X_{Zn}	0.1	0.2	0.3	0.4	0.5	0.6	0.7	0.8	0.9
$\frac{X_{Cd}}{X_{Zn}}$	9	4	2.33	1.55	1.00	0.66	0.42	0.25	0.11
$\overline{H}_{Cd}^M$	30	90	190	300	440	630	870	1170	1710

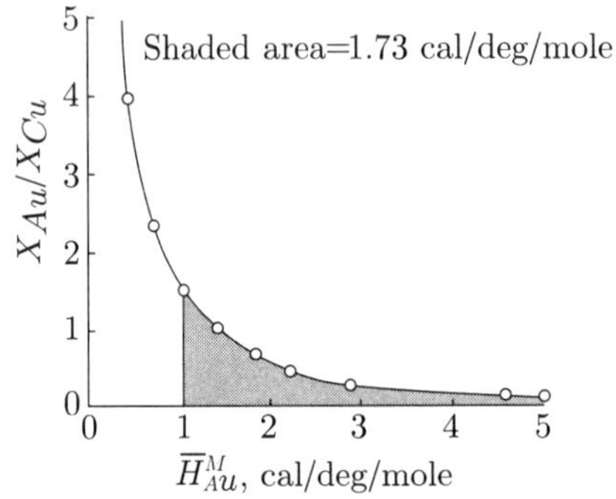

그림 연습문제 7.1. 식 [7.8.1] 적분의 도식적 방법

$$X_{Zn} = 0.2 \rightarrow \frac{X_{Cd}}{X_{Zn}} = 4$$

$$X_{Zn} = 1.0 \rightarrow \frac{X_{Cd}}{X_{Zn}} = 0$$

$$[\overline{H}_{Zn}^{M}]_{X_{Zn}=0.2} = 1{,}113\, cal/mole$$

찾아보기

ㄱ

ㄴ

ㄹ

ㅁ

저자와의
협의하에
인지를
생략합니다

재료열물성

지은이 박성
펴낸이 조경희
펴낸곳 경문사
펴낸날 2021년 9월 1일 1판 1쇄
등 록 1979년 11월 9일 제1979-000023호
주 소 04057, 서울특별시 마포구 와우산로 174
전 화 (02)332-2004 팩스 (02)336-5193
이메일 kyungmoon@kyungmoon.com

값 16,000원

ISBN 979-11-6073-341-9